U0191109

Abaqus 用户手册大系

Abaqus GUI 工具包用户手册

王鹰宇　编著

机械工业出版社

本书对 Abaqus 的界面二次开发定制功能进行了全面的阐述。

全书分为 6 篇，共 14 章。第 1 章介绍了 GUI 工具包的作用、基础，第 2 章介绍了 GUI 工具包开发的流程，第 3 章到第 5 章介绍了界面开发中使用到的各种窗口部件，第 6 章和第 7 章介绍了程序内部如何处理从窗口部件中得到的数据输入，第 8 章到第 10 章介绍了如何创建 GUI 模块和工具包以及例子，第 11 章到第 14 章描述了如何创建一个自定义的应用。

本书可供使用 Abaqus 软件的人员参考。

图书在版编目（CIP）数据

Abaqus GUI 工具包用户手册/王鹰宇编著 . —北京：
机械工业出版社，2017.8（2022.1 重印）
（Abaqus 用户手册大系）
ISBN 978-7-111-57759-1

Ⅰ . ①A… Ⅱ . ①王… Ⅲ . ①有限元分析 – 应用
软件 – 手册 Ⅳ . ①O241.82-39

中国版本图书馆 CIP 数据核字（2017）第 200380 号

机械工业出版社（北京市百万庄大街 22 号 邮政编码 100037）
策划编辑：孔 劲 责任编辑：孔 劲 范成欣
责任校对：王 延 封面设计：张 静
责任印制：郜 敏
北京盛通商印快线网络科技有限公司印刷
2022 年 1 月第 1 版第 2 次印刷
184mm×260mm·20.25 印张·2 插页·485 千字
3001—3500 册
标准书号：ISBN 978-7-111-57759-1
定价：89.00 元

凡购本书，如有缺页、倒页、脱页，由本社发行部调换
电话服务 网络服务
服务咨询热线：010-88361066 机工官网：www.cmpbook.com
读者购书热线：010-68326294 机工官博：weibo.com/cmp1952
010-88379203 金 书 网：www.golden-book.com
封面无防伪标均为盗版 教育服务网：www.cmpedu.com

前　言

本书对 Abaqus 的界面二次开发定制功能进行了全面的阐述。GUI 工具包配合 Abaqus 的脚本语言，使得用户可以按照自己的需求和工作习惯，以及所解决问题的特点，自定义工作界面来进行数据输入、自动建模计算、自动后处理，自动得到问题的计算报告所需要的各种结果。

本书分为 6 篇，共 14 章。

第 1 篇（第 1 章）介绍了 GUI 工具包的作用和 GUI 工具包的基础，以及该手册的组织结构。

第 2 篇（第 2 章）介绍了 GUI 工具包的开发流程。

第 3 篇（第 3 ~ 5 章）介绍了界面开发中使用到的各种窗口部件。

第 4 篇（第 6、7 章）介绍了程序内部如何处理从窗口部件中得到的数据输入。

第 5 篇（第 8 ~ 10 章）介绍了如何创建 GUI 模块和工具包，并给出了具体的实例。

第 6 篇（第 11 ~ 14 章）介绍了如何创建一个自定义的应用。

本书面向希望进行特定问题定制开发的用户，前提是比较熟悉 Abaqus 软件的使用方法。

本书的出版得到了 SIMULIA 中国区总监白锐先生、用户支持经理高祎临女士和 SIMULIA 中国南方区资深经理及技术销售高绍武博士的大力支持和帮助，特此表示感谢。

特别感谢 3M 中国有限公司技术部总经理熊海锟先生在我的工作中给予的巨大支持和帮助。

特别感谢 3M 中国有限公司技术部的主任专家工程师徐志勇先生在我最需要的时候给予的巨大帮助。

特别感谢我的良师益友，3M 中国有限公司技术部资深技术经理金舟给予的莫大帮助。

特别感谢 3M 中国有限公司技术部的资深技术经理周杰先生在我的工作中给予的莫大帮助。

特别感谢 3M 亚太区工程中心经理朱迪先生在我职业生涯的关键时刻给予的莫大帮助。

特别感谢 3M 中国有限公司技术支持专家工程师陈菊女士给予我的关怀和帮助。

由于编者水平有限，书中不足之处在所难免，望读者批评和指正。意见和建议可以发送至邮箱 wayiyu110@ sohu. com，编者将进行汇总，在将来的版本中给予更新完善，不胜感激！

编　者

目 录

第 4 篇　发 出 命 令

第5篇　GUI 模块和工具包

第 6 篇　创建一个自定义的应用

第 1 篇

概　　览

本篇简单介绍了 Abaqus GUI 工具包，以及用户如何使用工具包来创建一个自定义的应用。本篇包含：

- 1　介绍

1 介绍

3

Abaqus 工具包是 Abaqus 过程自动化工具中的一种，允许编辑和扩展 Abaqus/CAE 图像用户界面（GUI），使广大用户获得更加有效的 Abaqus 求解。该部分包括的内容如下：

- "能用 Abaqus GUI 工具包做什么"（1.1 节）
- "使用 Abaqus GUI 工具包的前提条件"（1.2 节）
- "Abaqus GUI 工具包基础"（1.3 节）
- "Abaqus GUI 工具包用户手册的组织结构"（1.4 节）

1.1 能用 Abaqus GUI 工具包做什么

有许多办法来自定义 Abaqus 产品：

• 用户子程序允许改变 Abaqus/Standard 和 Abaqus/Explicit 计算分析结果的方法。用户子程序的信息可以在《Abaqus 用户子程序参考手册》中找到。

• 环境文件允许改变不同的默认设置。环境变量的信息可以在《Abaqus 分析用户手册》中找到。

• 内核脚本允许创建新功能来进行模拟或者后处理任务。内核脚本的信息可以在《Abaqus 脚本用户手册》中找到。

• GUI 脚本允许创建新的图像用户界面。

Abaqus GUI 工具包提供程序编写来创建或者编辑 GUI 的构件。工具包允许做下面的内容：

• 创建一个新的 GUI 模块。一个 GUI 模块是相似功能的归类，如 Abaqus/CAE 中的 Part 模块。

• 创建一个新的 GUI 工具包。类似于 GUI 模块，一个 GUI 工具包是相似功能的归类，但是它通常包含由一个或者更多的 GUI 模块使用的特定功能。Abaqus/CAE 中的面工具是 GUI 工具包的一个例子。

• 创建一个新的对话框。Abaqus GUI 工具包提供了一个完整的组件库，可以构建自己的对话框。然而，Abaqus GUI 工具包不允许编辑 Abaqus/CAE 中现有的对话框。

• 删除 Abaqus/CAE GUI 模块和工具包。可以选择在应用中包含哪个 GUI 模块或省略哪个 GUI 模块。例如，Abaqus/Viewer 应用不包括与模拟相关联的 GUI 模块，仅包含 Visualization 模块。

• 删除某些顶层菜单或者删除这些顶层菜单中的某些项目。例如，可以删除 Viewport 菜单的整个顶层来防止用户操作窗口，或者从 File 菜单中删除 Import 和 Export 菜单项。

• 对 Abaqus/CAE GUI 模块和工具包进行有限的改变。更多的内容见 10.1 节。

Abaqus GUI 工具包不能在 Abaqus/CAE 之外运行的。它必须使用 Abaqus/CAE 的基本结构才能正确地完成功能。

1.2 使用 Abaqus GUI 工具包的前提条件

为了使用 Abaqus GUI 工具包，需要掌握以下内容：

Python 编程

在编写 Abaqus/CAE 内核脚本程序前，应当具备一些 Python 语言基础。

Abaqus 内核命令

GUI 的终极目标是为了向内核发送命令来进行执行，因此应当明白内核命令是如何工作的。

面向对象的编程

Python 是面向对象的语言，编写一个应用，该应用通常包含派生自己的新类，为它们编写方法和操作它们的数据。

GUI 设计

GUI 设计取决于应用的复杂性，具有一些用户界面设计和可用性测试方面的培训是有益的，这样将有助于创建一个既直观又易于使用的应用。

Abaqus 提供包含 Python、内核脚本和 GUI 设计的培训班。

1.3　Abaqus GUI 工具包基础

Abaqus GUI 工具包是 FOX GUI 工具包的扩展，就像 Abaqus 脚本界面是 Python 程序语言的扩展那样。FOX（Free Objects for X）是一个现代的、面向对象的、独立于平台的 GUI 工具包。因为 Abaqus GUI 工具包是独立于平台的，所以只要是为一个平台编写的应用，就可以在所有受支持的平台上运行此应用——不需要改变源代码。

　　Abaqus GUI 工具包产生的用户界面在所有平台上看上去都是相似的。这是由于工具包的构架。虽然应用程序界面（API）在所有平台上是一样的，但对操作系统 GUI 库的底层调用是不同的。在 Linux 系统中，调用 Xt 库；而在 Windows 系统中，调用 Win32 库。

　　因为 FOX GUI 工具包是面向对象的，所以它允许开发者通过从基础工具包派生新类的方法来扩展它的功能。Abaqus GUI 工具包通过为多个 Abaqus GUI 添加特别功能的方法来利用此特征。以 FX 开头的类名是标准 FOX 库的一部分，如 FXButton。以 AFX 开头的类名是 Abaqus 对 FOX 库扩展的一部分，如 AFXDialog。当存在既具有 FX，又具有 AFX 的同一个类（如 FXTable 和 AFXTable）时，应当使用 AFX 版本，因为它为使用 Abaqus 建立应用提供增强的功能。

1.4 Abaqus GUI 工具包用户手册的组织结构

该手册按照功能来组织，并且设计成通过解释如何使用工具包的组件及示例程序的片段，来引导开发者学习编写一个应用的过程。该手册提供单独的《Abaqus GUI 工具包参考手册》，包含按字母排列的所有工具调用的语法清单。

Abaqus GUI 工具包是以 FOX GUI 工具包为基础的。虽然该手册解释了一些 FOX 工具包的基本概念，但它没有提供 FOX 工具包的许多其他方面的详细情况。更多有关 FOX GUI 工具包的详细情况请参考 FOX 网站。

该手册包含以下内容：

窗口部件（Widgets）

该部分介绍了 Abaqus GUI 中某些最常用的窗口部件。

布局管理器（Layout Managers）

该部分介绍了如何使用 Abaqus GUI 工具包中的不同的布局管理来管理一个对话框中的窗口部件。

对话框（Dialog Boxes）

该部分介绍了可以使用 Abaqus GUI 工具包来创建的对话框。

命令（Commands）

在一个使用图形用户界面的应用中，界面必须从用户处收集输入，并将输入与应用进行通信。此外，必须基于应用的状态来保持图形用户界面的状态最新。该部分介绍了如何使用 Abaqus GUI 工具包完成那些任务，以及 Abaqus/CAE 中的两种命令——内核命令和 GUI 命令。

Modes（模式）

模式是收集来自用户的输入，并处理这个输入，接着向内核发布一个命令的机制。该部分介绍了 Abaqus GUI 工具包中可以使用的模式。

创建一个 GUI 模块

该部分介绍了如何创建一个 GUI 模块。

创建一个 GUI 工具包

该部分介绍了如何创建一个 GUI 工具包。

自定义一个现有的模块或者工具包

前面介绍了如何创建一个新的模块或者工具包。另外，Abaqus GUI 工具包允许从一个现有的模块或者工具包派生一个新的模块或者工具包，并且增减其功能。

创建一个应用

该部分介绍了如何创建一个像 Abaqus/CAE 那样的应用。它也描述了负责运行应用的高级基础工具。

应用对象

该部分介绍了 Abaqus 应用对象。该应用对象管理信息队列、时钟、杂项、GUI 更新和其他系统程序。

主窗口

该部分介绍了 Abaqus 主窗口的布局、构件和行为。

自定义主窗口

主窗口基本类提供 GUI 基础工具来允许用户交互、操作模块以及显示视口中的对象。该部分介绍了如何通过从主窗口基本类派生的方式来对一个应用添加功能，以及注册模块和工具包。

第 2 篇

入　门

本篇介绍了 Abaqus GUI 工具包的应用情况，以及用户如何使用 Abaqus GUI 工具包来创建插件。本篇包含：

- 2　Abaqus GUI 工具包入门

2 Abaqus GUI 工具包入门

本部分提供了自定义 GUI 应用的概览。本部分包括的内容如下：

- "内核和 GUI"（2.1 节）
- "Abaqus GUI 应用的组件"（2.2 节）
- "插件和自定义的应用"（2.3 节）
- "运行原型应用"（2.4 节）

2.1 内核和 GUI

Abaqus/CAE 在两个分开的过程中执行内核和 GUI。内核对 Abaqus 数据库和创建及编辑这些数据库的命令提供访问。GUI 的作用是收集用户输入，然后打包成命令字符串，并发送给内核来执行。对于 Abaqus 的执行来说，GUI 并非必需———一个完整的模型可以通过使用内核脚本来构建、分析和后处理，而不需要调用 GUI。

　　通常，当建立一些自定义的功能时，通过创建实现功能的内核命令来开始。这些命令可以通过在 Abaqus/CAE 中的命令行界面（CLI）中执行来调试。一旦确定内核命令在 CLI 中工作无误，就可以设计一个 GUI 来收集命令需要的用户输入。

2.2 Abaqus GUI 应用的组件

在 GUI 应用创建中包含许多组件。Abaqus GUI 应用的概览如图 2-1 所示。

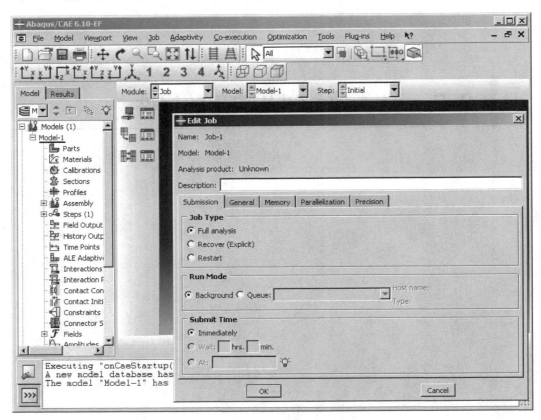

图 2-1   Abaqus GUI 应用的概览

对话框

对话框组窗口部件在布局管理器内部，并提供具体功能所要求的所有输入。例如，"Print"对话框提供所有控制来允许用户指定应该打印什么和如何打印。

模式

模式是控制具体用户界面显示的 GUI 机制，也负责发布与那些用户界面有关的命令。例如，当单击"File"→"Print"命令时，就启动了模式。该模式发布"Print"对话框，并且当用户单击"OK"按钮时发出打印指令。

模块和工具包

模块和工具包一起组成功能。GUI 模块是类似功能的组，如 Abaqus/CAE 中的 Part 模块。在将相似功能成组方面，GUI 工具包类似于 GUI 模块，但是它通常包含更多的具体功能，这些功能可以由一个或者多个 GUI 模块来使用。Abaqus/CAE 中的 Datum 工具是 GUI 工具包的一个例子。

应用

应用负责高级的任务，如管理应用使用的 GUI 过程，并且更新窗口部件的状态。此外，应用还负责与桌面的窗口管理器进行交互。

2.3　插件和自定义的应用

使用 Abaqus GUI 工具包的方式有以下两种：使用插件构架，或者创建一个自定义应用。插件工具包放置在 Abaqus/CAE 的上面。首先建立 Abaqus/CAE 应用，然后为了在顶层的 Plug-ins 菜单中添加项目的文件，插件工具包搜寻特定的目录。如果只打算对标准 Abaqus/CAE 应用添加功能，则插件工具包就可能满足需求，并且可以通过主菜单条中的 Plug-ins 菜单对此功能进行访问。

要创建一个自定义的应用，从基础开始建立应用。除了向 Abaqus/CAE 中添加功能外，如果试图改变 Abaqus/CAE 的某些标准特征，则应当编写自定义的应用。具体而言，一个自定义应用允许进行如下操作：

● 删除 Abaqus/CAE 模块或者工具包。当创建了一个自定义应用时，确定在应用中加载哪些模块和工具包，以及它们出现的次序。

● 编辑 Abaqus/CAE 模块或者工具包。如果试图在 Abaqus/CAE 模块中添加或者删除功能，则必须从 Abaqus/CAE 模块中派生出模型，然后注册模块以替代 Abaqus/CAE 模块。如果试图从 Abaqus/CAE 工具包中添加或者删除功能，则采取类似的过程。

● 改变应用名和版本号。当创建一个自定义应用时，就创建了一个启动脚本，使用应用名和其版本号来初始化应用对象。

● 控制启动命令和所使用的授权令牌。当创建一个自定义应用时，就改变了定义命令的站点配置文件，此命令用于启动应用。当应用开始时，也就改变了相同的站点配置文件。该配置文件指定需要检查的授权令牌。

2.4　运行原型应用

从 SIMULIA 学习社区，可以得到一个称为"原型应用"的自定义应用。原型应用允许试验对话框的内容，直到产生一个满意的设计为止。用户能启动原型应用，改变控制对话框内容的代码，并且即时地观察到反映在应用中的那些变化。

SIMULIA 学习社区提供插件和自定义应用的例子，以及自定义社区的入口，促进 Abaqus 脚本界面和 Abaqus GUI 工具包的进步。在该社区中搜索"原型案例（Prototype Example）"来下载原型案例的压缩文件，然后解压文件至包含下载文件的目录。要使用原型应用，在一个文字编辑器中打开 testDB. py 文件。从系统提示中输入以下内容：

abaqus cae- custom prototypeApp- noStartup

- custom 参数表明在执行一个 Abaqus/CAE 的自定义版本应用。- noStartup 参数表明想要在不需要显示开始屏的情况下启动 Abaqus/CAE。

应用在工具包中创建了重载表单代码（testForm. py）图标 **F** 和重载对话框代码（testDB. py）图标 **D**，如图 2-2 所示。如果改变了表单代码，则单击 **F** 图标来重载此文件。如果对对话框代码进行了改动，则单击 **D** 图标来重载那个文件。用户不需要退出并且再启动 Abaqus/CAE，就能观察窗体或者对话框中的改变。

图 2-2　原型应用

例如，尝试下面的操作：

- 单击 **D** 图标来发布对话框，并且注意对话框中显示的文字标签。
- 单击对话框中的"Cancel"按钮来取消发布。
- 改变 testDB. py 中的一个标签，并且保存文件。
- 单击 **D** 图标来再次发布对话框，将在对话框中观察到被改变的标签。

当单击对话框中的"OK"按钮时，对话框发布的内核命令被写入到信息区，而不是由 Abaqus/CAE 来执行。此允许用户在内核中运行它之前尝试调试命令。

在调试完表单和对话框代码后，可以通过遵循 7.3.1 节中的例子，改变表单对内核发布命令。通过遵循 8.2 节中的例子，可以将表单与 GUI 进行连接，代替连接到 **F** 图标。

第 3 篇

建立对话框

本篇介绍了对话框的组件和如何使用 Abaqus GUI 工具包创建组件。本篇包含：

3 窗口部件

该部分介绍了如何在应用中创建窗口部件。在 Abaqus GUI 工具包中有许多窗口部件，这里仅介绍了最常用的窗口部件。对于所有的窗口部件类的完整列表，应当参考 Abaqus GUI 工具包参考手册。该部分包括的内容如下：

- "标签和按钮"（3.1 节）
- "文本窗口部件"（3.2 节）
- "列表和组合框"（3.3 节）
- "范围窗口部件"（3.4 节）
- "树窗口部件"（3.5 节）
- "表窗口部件"（3.6 节）
- "混合窗口部件"（3.7 节）
- "create 方法"（3.8 节）
- "窗口部件和字体"（3.9 节）

3.1 标签和按钮

- "标签和按钮的概览"（3.1.1 节）

- "标签"（3.1.2 节）

- "按钮"（3.1.3 节）

- "检查按钮"（3.1.4 节）

- "单选按钮"（3.1.5 节）

- "菜单按钮"（3.1.6 节）

- "弹出菜单"（3.1.7 节）

- "工具栏和工具包按钮"（3.1.8 节）

- "弹出按钮"（3.1.9 节）

- "颜色按钮"（3.1.10 节）

本节介绍了 Abaqus GUI 工具包中使用标签和按钮的窗口部件。

3.1.1　标签和按钮的概览

Abaqus GUI 工具包中的一些窗口部件支持标签。例如，如果想要在一个文字字符串前放置一个标签，则应当使用 AFXTextField 来替代创建一个水平框，并且添加一个标签窗口部件和一个文字字符串窗口部件。下面介绍支持标签的具体窗口部件。

标签和按钮构造器都具有文字串参数。该文字串可以由以下 3 部分组成，其中每一部分通过 \t 来分开。

文本（Text）

通过窗口部件显示的文字。

提升文本（Tip Text）

当光标在窗口上方短暂停留时所显示的文字。如果其中只有一个图标与窗口部件相关，则必须提供提升文本。

帮助文本（Help Text）

在应用的状态栏中显示的文字，假定应用具有状态栏。

此外，可以通过在文本中的一个字符前面放置"&"字符来为窗口部件定义键盘加速器。例如，如果为一个按钮指定字符串 &Calculate，则将出现如图 3-1 所示的按钮标签。可以通过按 < Alt + C > 组合键使用加速器来调用按钮。

图 3-1　键盘加速器应用于一个按钮

3.1.2　标签

FXLabel 窗口部件可以显示一个只读串，也可以显示一个选择图标，如图 3-2 所示。
FXLabel(parent, 'This is an FXLabel. \tThis is\nthe tooltip')

This is an FXLabel.

图 3-2　一个 FXLabel 的文本标签例子

3. 1. 3 按钮

　　FXButton 窗口部件包含一个标签和一个按钮，如图 3-3 所示。当用户单击按钮时，则调用了一个即时的行为。

FXButton(parent, 'This is an FXButton')

This is an FXButton

图 3-3　一个 FXButton 的例子

3. 1. 4 检查按钮

　　FXCheckButton 窗口部件提供一个"开/关"切换能力，如图 3-4 所示。按钮也支持一个第三状态"或许"或者"某些"。"或许"状态通常用于表示一个部分的选项。例如，AFXOptionTreeList 窗口部件使用"或许"状态。用户可以只程序性地设置"或许"状态。用户不能切换按钮到此状态。

FXCheckButton(parent, 'This is an FXCheckButton')

☑ This is an FXCheckButton

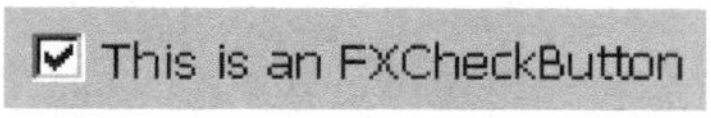

图 3-4　一个 FXCheckButton 的检查按钮和标签例子

3. 1. 5 单选按钮

　　FXRadioButton 窗口部件可以让我们从一组按钮中选出一个，如图 3-5 所示。

FXRadioButton(parent, 'This is FXRadioButton 1')

FXRadioButton(parent, 'This is FXRadioButton 2')

FXRadioButton(parent, 'This is FXRadioButton 3')

◉ This is FXRadioButton 1
○ This is FXRadioButton 2
○ This is FXRadioButton 3

图 3-5　一个 FXRadioButton 的单选按钮的例子

3.1.6 菜单按钮

菜单包含以下内容：

- 通过 AFXMenuTitle 创建的菜单标题。
- 通过 AFXMenuPane 创建的菜单顶边。
- 通过 AFXMenuCommand 创建的菜单命令。

菜单标题位于菜单栏，控制与菜单标题相关联的菜单栏显示。菜单顶边包含菜单命令。菜单命令通常是调用某些行为的按钮。一个菜单顶边可以包含一个通过 AFXMenuCascade 创建的级联菜单。级联菜单提供一个菜单内的子菜单。图 3-6 显示了菜单的组件。

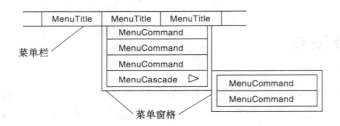

图 3-6   菜单的组件

下面的例子显示了级联菜单的使用，如图 3-7 所示。

menu = AFXMenuPane(self)

AFXMenuTitle(self,'&Menu1',None,menu)

AFXMenuCommand(self,menu,'&Item 1',None,form1,
    AFXMode. ID_ACTIVATE) subMenu = AFXMenuPane(self)

AFXMenuCascade(self,menu,'&Submenu',None,subMenu)

AFXMenuCommand(self,subMenu,'&Subitem 1',None,
    form2,AFXMode. ID_ACTIVATE)

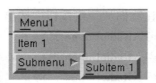

图 3-7   一个 AFXMenuCascade 的级联菜单按钮例子

除了使用 3.1 节中介绍的 & 语法的助记符外，还可以在菜单项目的标签上指定一个加速器。通过使用\t 将字母与按钮的文本分开的方式来指定一个加速器。例如：

AFXMenuCommand(self,menu,'Graphics Options... \tCtrl + G',None,
    GraphicsOptionsForm(self),AFXMode. ID_ACTIVATE)

3. 1. 7 弹出菜单

用户可以创建当在一个窗口部件上单击鼠标右键时显示的弹出菜单。例如，下面的语句
说明了如何创建在一个树窗口部件上单击鼠标右键时显示的菜单，该菜单包含两个按钮：

```
# In the dialog box constructor：
    def __init__(self,form)：
        ...
        FXMAPFUNC(self,SEL_RIGHTBUTTONPRESS,self. ID_TREE,
            MyDB. onCmdPopup)
        FXMAPFUNC(self,SEL_COMMAND,self. ID_TEST1,
            MyDB. onCmdTest1)
        FXMAPFUNC(self,SEL_COMMAND,self. ID_TEST2,
            MyDB. onCmdTest2)
        self. menuPane = None
        FXTreeList(self,5,self,self. ID_TREE,
            LAYOUT_FILL_X | LAYOUT_FILL_Y |
            TREELIST_SHOWS_BOXES | TREELIST_SHOWS_LINES |
            TREELIST_ROOT_BOXES | TREELIST_BROWSESELECT)
        ...
    def onCmdPopup(self,sender,sel,ptr)：
        if not self. menuPane：
            self. menuPane = FXMenuPane(self)
            FXMenuCommand(self. menuPane,'Test1',None,self,
                self. ID_TEST1)
            FXMenuCommand(self. menuPane,'Test2',None,self,
                self. ID_TEST2)
            self. menuPane. create()
        status,x,y,buttons = self. getCursorPosition()
        x,y = self. translateCoordinatesTo(self. getRoot(),x,y)
        self. menuPane. popup(None,x,y)
        return 1
```

注意：用户应当使用 AFTable 自己的弹出菜单命令，而不使用本节中描述的方法。

3. 1. 8 工具栏和工具包按钮

AFXToolButton 窗口部件在它的按钮中不显示文本，但是按钮通常具有工具提示。将通

过 AFXToolButton 创建的按钮分成使用 AFXToolbarGroups 的工具栏或者使用 AFXToolbar-Groups 的工具包。AFXToolbarGroups 和 AFXToolboxGroups 提供工具栏或者工具包中的显示组。例如：

```
# Create toolbar icons
#
group = AFXToolbarGroup( self)
AFXToolButton( group,'\tMy Module\nToolbar Button',
        icon,sel)
# Create toolbox icons
#
group = AFXToolboxGroup( self)
AFXToolButton( group,'\tMy Module\nToolbox Button',
        icon,sel)
```

3.1.9 弹出按钮

AFXFlyoutButton 窗口部件显示一个弹出式弹出窗口。弹出式弹出窗口包含 AFXFlyou-tItem 窗口部件，当用户在按钮上单击鼠标左键并按住不放时，显示弹出式窗口。如果用户简单地在按钮上快速单击鼠标左键，则不显示弹出式菜单，弹出按钮将只能像一个通常的按钮那样动作。AFXFlyoutButton 窗口部件显示当前对象和右下角上的一个右三角图标，表明可以调用弹出式菜单，如图3-8 所示。例如：

```
group = AFXToolbarGroup( self)
popup = FXPopup( getAFXApp( ). getAFXMainWindow( ) )
AFXFlyoutItem( popup,'\tFlyout Button 1',squareIcon)
AFXFlyoutItem( popup,'\tFlyout Button 2',circleIcon)
AFXFlyoutItem( popup,'\tFlyout Button 3',triangleIcon)
AFXFlyoutButton( group,popup) popup. create( )
```

图 3-8   一个 **AFXFlyoutItem.** 的弹出式菜单的例子

3.1.10 颜色按钮

AFXColorButton 窗口部件显示一个颜色按钮。单击对话框中的颜色按钮，可以改变按钮的颜色值，如图 3-9 所示。例如：

AFXColorButton(parent,'Color：')

图 3-9　AFXColorButton 的一个例子

当与 AFXStringKeyword 连接时，该窗口部件将按钮的当前颜色以十六进制格式赋予关键字，如"#FF0000"。

3.2 文本窗口部件

- "单行文本区域窗口部件"（3.2.1 节）
- "多行文本窗口部件"（3.2.2 节）

本节介绍了 Abaqus GUI 工具包中允许用户输入文本的窗口部件。

3.2.1 单行文本区域窗口部件

AFXTextField 窗口部件提供单行文本输入区域，如图 3-10 所示。AFXTextField 扩展了标准 FXTextField 窗口部件的功能：

- 一个可选的标签。
- 支持切换版本和只读状态。
- 附加的数值类型（复数）。
- 水平和竖直排列。

例如：

AFXTextField(parent,8,'String AFXTextField')

图 3-10　一个 AFXTextField 的单行文本区域的例子

文本区域通常与关键字相连，并且关键字的类型确定了该文本区域中允许输入的类型。例如，如果文本区域与一个整数关键字相连，则关键字将确认文本区域中的输入是一个有效的整数。要得到此行为，不需要为文本区域确定任何选项标识。复数文本区域是个例外——为了显示收集复数输入所需的额外文本区域，必须指定下面例子中显示的字节标识，如图 3-11 所示。

AFXTextField(parent,8,'Complex AFXTextField',
　　　None,0,AFXTEXTFIELD_COMPLEX)

图 3-11　一个 AFXTextField 的复数字符串的例子

切换变量

在许多情况下，在标签文本区域前面放置一个标签文本区域。检查按钮允许用户切换组件选中或者取消。当切换组件为取消时，文本区域变成无效。当提供 AFXTEXTFIELD_CHECKBUTTON 标识时，AFXTextField 窗口部件创建一个具有此行为的检查按钮。下面的例子创建了一个具有文本区域的检查按钮，如图 3-12 所示。它也在竖直方向上构建了窗口部件，这样标签在文本区域上方。

AFXTextField(parent ,8 , 'AFXTextField' , None ,0 ,

    AFXTEXTFIELD_CHECKBUTTON | AFXTEXTFIELD_VERTICAL)

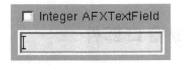

图 3-12　一个 **AFXTextField** 的具有标签文本区域的检查按钮例子

不可编辑的变量

在某些情况下，可以改变文本区域的行为，使得用户不能对它进行编辑。例如，可以通过调用 AFXTextField 窗口部件的 setEditable（False）来使得检查按钮的文本区域不可编辑。

只读变量

在某些情况下，用户可能想改变文本区域的行为，使得不能对它进行编辑，并且表现成为一个标签，明确表示用户不可以改变其内容。例如，当在 Abaqus/CAE 中使用加载模块时，在已经创建载荷的分析步骤中可以指定某些值，但是不可以在后续步骤中进行改变。AFXTextField 窗口部件通过 setReadOnlyState 方法支持只读状态。例如：

    tf = AFXTextField(parent ,8 ,

        'String AFXTextField in read-only mode : ' , keyword)

    tf. setReadOnlyState(True)

3.2.2　多行文本窗口部件

FXText 提供多行文本输入区域，如图 3-13 所示。例如：

text = FXText(parent , None ,0 ,

    LAYOUT_FIX_WIDTH | LAYOUT_FIX_HEIGHT ,0 ,0 ,300 ,100)

text. setText('This is an FXText widget')

图 3-13　一个 **FXText** 的多行文本输入区域的例子

3.3　列表和组合框

- "列表"（3.3.1 节）
- "组合框"（3.3.2 节）
- "列表框"（3.3.3 节）

本节介绍了 Abaqus GUI 工具包中的窗口部件，允许从一个列表选择一个或者多个项。

● 当在 GUI 中具有充足的空间时，并且在同一时刻显示所有或者大部分选项是有利的时候，使用列表窗口部件。

● 在 GUI 中节省空间时，并且当优先显示当前的选项时，使用组合框。

3.3.1　列表

AFXList 允许从这些项目中选择一个或者多个。

通过 AFXList 创建的表格支持下面的选项政策：

LIST_SINGLESELECT：用户可以选择零个或者一个项目。

LIST_BROWSESELECT：总是选择一个项目。

LIST_MULTIPLESELECT：用户可以选择零个或者多个项目。

LIST_EXTENDEDSELECT：用户可以选择零个或者多个项目，允许 drag-selections（拖选）、shift-selections（连选）和 control-selections（多选）。

AFXDialog 基础类具有专门的代码，用来处理从一个列表中双击信息。如果用户在列表中双击，则对话框首先试图调用 Apply 按钮。如果没有找到 Apply 按钮，则对话框试图调用 Continue 按钮。如果没有找到 Continue 按钮，则对话框试图调用 OK 按钮。

如果有特别的双击过程需求，则可以通过将 AFXLIST_NO_AUTOCOMMIT 指定成列表选项标识中的一个来关闭此双击行为。如果关闭了双击行为，则必须从对话框列表中捕捉 SEL_DOUBLECLICKED，并且对其进行正确的处理。

注意：因为列表可以与其他类型的窗口部件组合使用，所以列表不在其周围画边界。如果想在列表周围有边界，则必须通过将列表放置于某个其他窗口部件内部的方式来提供边界，如放在一个框内部。如果不想要一个水平滚动条，则使用 HSCROLLING_OFF 标识。该标识强制列表的宽度适应它的最宽项目宽度，如图 3-14 所示。

下面是一个垂直框中的列表例子：

vf = FXVerticalFrame(parent, FRAME_THICK | FRAME_SUNKEN,

　　0,0,0,0,0,0,0,0)

list = AFXList(vf, 3, tgt, sel, LIST_BROWSESELECT | HSCROLLING_OFF)

list. appendItem('Thin')

list. appendItem('Medium')

list. appendItem('Thick')

图 3-14　一个使用 AFXList 框的列表例子

3.3.2　组合框

AFXComboBox 组合一个具有下拉列表的只读文本区域。

在父参数之后，AFXComboBox 架构的后面 3 个参数是文本区域的宽度，可以看到列表项目后的数量以及标签。如果将宽度指定成零，则组合框将自动地将自身尺寸确定成列表中最宽的项目，如图 3-15 所示。例如：

comboBox = AFXComboBox(p,0,3,'AFXComboBox：')

comboBox. appendItem('Item 1')

comboBox. appendItem('Item 2')

comboBox. appendItem('Item 3')

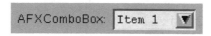

图 3-15　一个 AFXComboBox 的组合框例子

3.3.3　列表框

AFXListBox 与 AFXComboBox 的不同之处在于通过 AFXListBox 显示的项目可以包括图标，如图 3-16 所示。例如：

listBox = AFXListBox(parent,3,'AFXListBox：',keyword)

listBox. appendItem('Item 1',thinIcon)

listBox. appendItem('Item 2',mediumIcon)

listBox. appendItem('Item 3',thickIcon)

图 3-16　一个 AFXListBox 的列表框例子

3.4 范围窗口部件

- "滑块"（3.4.1 节）
- "微调"（3.4.2 节）

本节介绍 Abaqus GUI 工具包中允许用户在特定的边界范围中指定一个值的窗口部件。

3.4.1 滑块

AFXSlider 窗口部件提供用户可以使用鼠标拖曳来设定一个值的句柄,如图 3-17 所示。AFXSlider 通过提供下面的内容来扩展 FXSlider 窗口部件的能力:

- 一个可选的标题。
- 最小和最大范围标签。
- 在拖曳手柄上方显示当前值的能力。

例如:

slider = AFXSlider(p, None, 0,
    AFXSLIDER_INSIDE_BAR | AFXSLIDER_SHOW_VALUE | LAYOUT_FILL_X)

slider. setMinLabelText('Min') slider. setMaxLabelText('Max')

slider. setDecimalPlaces(1)

slider. setRange(20, 80)

slider. setValue(50)

图 3-17　一个 AFXSlider 的滑块例子

3.4.2 微调

AFXSpinner 窗口部件包括文本区域和两个箭头按钮,如图 3-18 所示。箭头调整显示在文本区域中的整数值。AFXSpinner 通过提供一个可选的标签来扩展 FXSpinner 窗口部件的能力。例如:

spinner = AFXSpinner(p, 4, 'AFXSpinner:')

spinner. setRange(20, 80)

spinner. setValue(50)

图 3-18　一个 AFXSpinner 的微调例子

AFXFloatSpinner 窗口部件与 AFXSpinner 窗口部件是类似的,但它允许浮点值。

3.5 树窗口部件

- "树列表"（3.5.1 节）
- "选项树列表"（3.5.2 节）

本节介绍了 Abaqus GUI 工具包中的树窗口部件。一个树窗口部件以分层次的方式安排它的子层级，并允许各个分支展开或者收起。一个类似 Windows 浏览器那样的文件浏览器是使用树窗口部件的常用例子。

3.5.1　树列表

FXTreeList 窗口部件提供可以展开和收起的子层级树结构。FXTreeList 构造器通过下面的原型来定义：

FXTreeList(p, nvis, tgt = None, sel = 0,
　　opts = TREELIST_NORMAL, x = 0, y = 0, w = 0, h = 0)

FXTreeList 构造器的参数在下面的列表中进行了描述：

父（parent）

构造器中的第一个参数是父。一个 FXTreeList 不在它自身周围画框，这样，用户可能想要创建一个 FXVerticalFrame 来作为树的父来使用。您应当在框架中将填充归零，这样框在树周围紧密地收起。

可见项目的数量（number of visible items）

当树首次呈现时，可见项目的数量。

对象和选择器（target and selector）

可以在树构造器参数中指定一个对象和选择器。

选项（opts）

在构造器中可以指定的选项标志见表 3-1。

表 3-1　在构造器中可以指定的选项标识和效果

选 项 标 识	效　果
TREELIST_NORMAL（默认的）	TREELIST_EXTENDEDSELECT
TREELIST_EXTENDEDSELECT	扩展的选项模式允许用户拖曳选择范围中的项目
TREELIST_SINGLESELECT	单选模式允许用户选择至多一个选项
TREELIST_BROWSESELECT	浏览选择模式强制执行在任何时候只能选择单个选项
TREELIST_MULTIPLESELECT	为单个项目的选择使用多选模型
TREELIST_AUTOSELECT	在光标下自动选择
TREELIST_SHOWS_LINES	显示选项之间的线
TREELIST_SHOWS_BOXES	当选项可以扩展时，显示框
TREELIST_ROOT_BOXES	显示根项目框

下面的语句显示了一个创建树的例子：

vf = FXVerticalFrame(gb,FRAME_SUNKEN | FRAME_THICK,

    0,0,0,0,0,0,0,0)

tree = FXTreeList(vf,5,None,0,

    LAYOUT_FILL_X | LAYOUT_FILL_Y |

    TREELIST_SHOWS_BOXES | TREELIST_ROOT_BOXES |

    TREELIST_SHOWS_LINES | TREELIST_BROWSESELECT)

通过提供一个父和文字标签来给一个树添加项目，如图 3-19 所示。用户通过给树添加根项目来开始。根项目具有 None 父。Abaqus GUI 工具栏给树提供了添加项目的几种途径，最便利的方法是使用 addItemLast 方法，如下面例子中所显示的那样：

vf = FXVerticalFrame(gb,FRAME_SUNKEN | FRAME_THICK,

    0,0,0,0,0,0,0,0)

self. tree = FXTreeList(vf,5,None,0,

    LAYOUT_FILL_X | LAYOUT_FILL_Y |

    TREELIST_SHOWS_BOXES | TREELIST_ROOT_BOXES |

    TREELIST_SHOWS_LINES | TREELIST_BROWSESELECT)

option1 = self. tree. addItemLast(None,'Option 1')

self. tree. addItemLast(option1,'Option 1a')

self. tree. addItemLast(option1,'Option 1b')

option2 = self. tree. addItemLast(None,'Option 2')

self. tree. addItemLast(option2,'Option 2a')

option2b = self. tree. addItemLast(option2,'Option 2b')

self. tree. addItemLast(option2b,'Option 2bi')

option3 = self. tree. addItemLast(None,'Option 3')

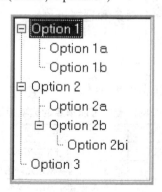

图 3-19 一个树窗口部件的例子

当选择一个项目时，在它的边上显示一个"open"图标；当项目未被选择时，显示"closed"图标。这些图标与分支的展开/收起状态没有联系。例如，Windows 浏览器使用打开和关闭文件图标来显示被选状态。

可以使用树的 isItemSelected 方法来检查一个项目是否被选中。无论用户何时单击了一个项目，树窗口部件都将给它的目标发送一个 SEL_COMMAND 信息。可以处理该信息并且随后遍历树中的所有项目来找到被选的项目。下面的例子使用一个默认树是浏览-选择的信息手柄，并且允许用户一次只能选取一个项目：

```
def onCmdTree( self, sender, sel, ptr) :
    w = self. tree. getFirstItem( )
    while( w) :
        if self. tree. isItemSelected( w) :
            # Do something here based on
            # the selected item, w.
            break
        if w. getFirst( ) :
            w = w. getFirst( )
            continue
        while not w. getNext( ) and w. getParent( ) :
            w = w. getParent( )
        w = w. getNext( )
```

3.5.2 选项树列表

AFXOptionTreeList 窗口部件提供可以切换选择的子树结构，如图 3-20 所示。树结构包括分支与分支末端处的树叶。用户可以切换树叶的选中或清空状态。用户也可以将整个分支进行切换选中或者清空。如果切换清空了分支，则所有的子切换成清空，反之亦然。例如：

```
tree = AFXOptionTreeList( parent, 6)
tree. addItemLast( 'Item 1')
item = tree. addItemLast( 'Item 2')
item. addItemLast( 'Item 3')
item. addItemLast( 'Item 4')
item. addItemLast( 'Item 5')
```

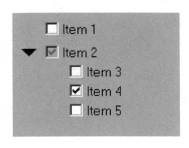

图 3-20　一个 AFXOptionTreeList 的选项树列表例子

51

3.6　表窗口部件

- "表格构造器"（3.6.1 节）
- "行和列"（3.6.2 节）
- "跨越"（3.6.3 节）
- "对齐"（3.6.4 节）
- "编辑"（3.6.5 节）
- "类型"（3.6.6 节）
- "列表类型"（3.6.7 节）
- "布尔类型"（3.6.8 节）
- "图标类型"（3.6.9 节）
- "颜色类型"（3.6.10 节）
- "弹出菜单"（3.6.11 节）
- "颜色"（3.6.12 节）
- "归类"（3.6.13 节）

AFXTable 窗口部件以行和列安排项目，类似于电子表格。表格具有标题行和标题列。图 3-21 所示为表格的设计。

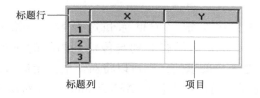

图 3-21　表格的设计

当为特定的目的而试图配置一个表格时，AFXTable 窗口部件具有许多选项和方法来满足各种要求。

3.6.1　表格构造器

AFXTable 构造器通过下面的原型来定义：

AFXTable(p, numVisRows, numVisColumns, numRows, numColumns,
$\quad$ tgt = None, sel = 0, opts = AFXTABLE_NORMAL,
$\quad$ x = 0, y = 0, w = 0, h = 0,
$\quad$ pl = DEFAULT_MARGIN, pr = DEFAULT_MARGIN,
$\quad$ pt = DEFAULT_MARGIN, pb = DEFAULT_MARGIN)

AFXTable 构造器具有下面的参数：

父（parent）

构造器中的第一个参数是父。AFXTable 不在它自己周围画框，这样，用户可以试图创建一个 FXVerticalFrame 来作为表的父来使用。用户应当在框架中零填充，这样框在表格周围紧紧地包裹。

可见的行与列的数量

当表格首次显现时可见的行与列的数量。如果可见的行或者列的数量小于表格中行或列的总数，则显示合适的滚动条。

行与列的数目

当表格创建时的行与列的数目。这些数目包括行与列的表头。如果表格的大小是固定的，则指定行与列的总数目。如果表格的大小是动态的，则指定 1 行和 1 列（加上任何标题行或者列），并且允许用户根据需求来添加行或者列。

目标和选择器

可以在表格构造器参数中指定一个目标和选择器。表格通常与拥有 0 选择器的 AFXTableKeyword 相连接，除非表格具有的列与传输到内核的命令所要求的数据不直接相关。如果表格具有的列不是内核要求的，则可以将对话框指定成目标，这样表格中的数据可以通过代码来做适当的处理。用户可以使用 AFXColumnItems 对象来自动地管理具体表格列中的选择。

选项（opts）

表格构造器中可以指定的选项标识见表 3-2。

表 3-2 表格构造器中可以指定的选项标识及作用

选 项 标 识	作　　用
AFXTABLE_NORMAL（默认）	AFXTABLE_COLUMN_RESIZABLE ｜ LAYOUT_FILL_X ｜ LAYOUT_FILL_Y
AFXTABLE_COLUMN_RESIZABLE	允许由用户调整列的大小
AFXTABLE_ROW_RESIZABLE	允许由用户调整行的大小
AFXTABLE_RESIZE	AFXTABLE_COLUMN_RESIZABLE ｜ AFXTABLE_ROW_RESIZABLE
AFXTABLE_NO_COLUMN_SELECT	当单击它的标题时，不允许选择整个列
AFXTABLE_NO_ROW_SELECT	当单击它的标题时，不允许选择整个行
AFXTABLE_SINGLE_SELECT	允许选择至多一个项目
AFXTABLE_BROWSE_SELECT	所有时候强制选取一个单独的项目
AFXTABLE_ROW_MODE	选择一行中的项目就选中整个行
AFXTABLE_EDITABLE	允许表格中的所有项目是可编辑的

在默认情况下，用户可以在表格中选择多个项目。为了改变此行为，应当使用合适的标识来指定单个选择模式或浏览选择模式。此外，当用户选择行中的任何一项时，可以指定是否选取整个行。Abaqus/CAE 在包含多列的管理对话框中体现此行为。

下面的语句使用默认的设置来创建一个表，如图 3-22 所示。

```
# 表在它们的边界周围不画框。
# 因此，添加一个使用 0 填充的框窗口部件。
vf = FXVerticalFrame( gb,FRAME_SUNKEN ｜ FRAME_THICK,
    0,0,0,0,0,0,0,0)
table = AFXTable( vf,4,2,4,2)
```

图 3-22 创建了一个使用默认设置的表

3.6.2 行和列

表格支持标题行和标题列。标题行和标题列使用一个加粗文字的按钮来显示。标题行显示在表的顶端，标题列显示在表的左边。

在表构造器中指定的行和列的数目是行和列的总数，包括标题行和标题列。在默认情况下，表格不具有标题行或者标题列，必须在使用合适的方法构建表格后设置标题行和标题列。也可以指定在这些行和列中显示标签。如果没有为标题行或标题列指定任何标签，则将自动地为它编号。可以在一个单独的字符串中通过使用"\ t"来分离标签，在一个标题中一次设置多于一个的标签。

默认情况下，在项目周围没有网格线。可以通过使用下面的表格方法来分别控制水平和竖直网格线是否可见：

showHorizontalGrid(True | False)

showVerticalGrid(True | False)

默认情况下，行的高度通过表格使用的字来决定。行的默认宽度是 100 个像素。可以使用下面的表格方法来覆盖这些值：

setRowHeight(row,height) # 像素标识的高度

setColumnWidth(column,width) # 像素标识的宽度

下面的例子说明了如何使用这些方法，如图 3-23 所示。

	X	Y
1		
2		
3		

图 3-23 标题行和标题列

vf = FXVerticalFrame(parent,FRAME_SUNKEN | FRAME_THICK,
    0,0,0,0,0,0,0,0)

table = AFXTable(vf,4,3,4,3)

table. setLeadingColumns(1)

table. setLeadingRows(1)

table. setLeadingRowLabels('X\tY')

table. showHorizontalGrid(True)

table. showVerticalGrid(True)

table. setColumnWidth(0,30)

3.6.3　跨越

可以在标题行和标题列中让项目跨越多于一个的行或者列，运行效果如图3-24所示。

vf = FXVerticalFrame(parent,FRAME_SUNKEN | FRAME_THICK,

　　0,0,0,0,0,0,0,0)

table = AFXTable(vf,4,3,4,3)

table. setLeadingColumns(1)

table. setLeadingRows(2)

Corner item

table. setItemSpan(0,0,2,1)

Span top row item over 2 columns

table. setItemSpan(0,1,1,2)

table. setLeadingRowLabels('Coordinates')

table. setLeadingRowLabels('X\tY',1)

table. showHorizontalGrid(True)

table. showVerticalGrid(True)

table. setColumnWidth(0,30)

图3-24　一个跨越两个标题行的例子

3.6.4　对齐

在默认情况下，表格显示输入左对齐。用户可以通过使用表3-3中列出的方法来改变项目的对齐方式：

setColumnJustify(column,justify)

setItemJustify(row,column,justify)

如果列的编号是 -1，则 setColumn * 方法表示为表格中的所有列应用此设置。

表 3-3　对齐参数的功能标识及作用

功 能 标 识	作 用
AFXTable. LEFT Align	对齐项目到单元格的左边
AFXTable. CENTER	水平的置中项目
AFXTable. RIGHT	对齐项目到单元格的右边
AFXTable. TOP	对齐项目到单元格的顶部
AFXTable. MIDDLE	垂直的置中项目
AFXTable. BOTTOM	对齐项目到单元格的底部

改变对齐方式的方法如下：

vf = FXVerticalFrame(gb, FRAME_SUNKEN | FRAME_THICK,
　　0,0,0,0,0,0,0,0)
table = AFXTable(vf, 4, 3, 4, 3)
table. setLeadingColumns(1)
table. setLeadingRows(1)
table. setLeadingRowLabels('X\tY')
table. showHorizontalGrid(True)
table. showVerticalGrid(True)
table. setColumnWidth(0, 30)
Center all columns
table. setColumnJustify(-1, AFXTable. CENTER)
对齐后的列标题如图 3-25 所示。

图 3-25　对齐后的列标题

3.6.5　编辑

默认情况下，表格中没有项目是可编辑的。要使得表格中的所有项目可编辑，必须在表格构造器中指定 AFXTABLE_EDITABLE。改变表格中某些项目的可编辑性的方法如下：

setColumnEditable(column, True | False)
setItemEditable(row, column, True | False)

3.6.6　类型

默认情况下，表格中的所有项目是文字项目。表格组件支持表格中显示的其他类型项目见表3-4。

表 3-4　表格组件支持的其他类型及作用

类　　型	作　　用
BOOL	显示一个图标的项目，单击它在真和假图标间进行切换。
COLOR	显示一个颜色按钮的项目。
FLOAT	显示文字的项目，用字符串来编辑值。
ICON	显示一个图标的项目，它是不可编辑的。
INT	显示文字的项目，用来编辑值的文字区域。
LIST	显示文字的项目，用来编辑值的组合框。
TEXT	显示文字的项目，用来编辑值的文字区域。

可以使用下面的表方法来改变列的类型或者单个项目的类型：

setColumnType(column,type)

setItemType(row,column,type)

将类型设置成 FLOAT 或 INT 不影响对表格的数据输入，用户可以在这些类型的项目中输入任何内容（也允许表达式求值）。当使用表格的 getItemIntValue 或者 getItemFloatValue 方法时，应当确认读取的项目类型分别是 INT 或者 FLOAT，否则将返回错误的值。通常，应当利用 AFXTableKeyword，并且设置列类型，这样表格的值可以自动地得到正确的评估。

3.6.7　列表类型

如果想要允许用户通过选取项目列表的方式来指定一个列中的值，则必须首先设置列为 LIST 类型，然后创建一个列表并且将它赋予那个列。当用户在那个列中单击一个项目时，表格将显示一个不可编辑的混合框。该混合框包含来自列表的输入。在一个表格单元中创建一个混合框的方法如下：

vf = FXVerticalFrame(gb,FRAME_SUNKEN | FRAME_THICK,
　　0,0,0,0,0,0,0,0)

table = AFXTable(vf,4,2,4,2,None,0,
　　AFXTABLE_NORMAL | AFXTABLE_EDITABLE)

table.setLeadingRows(1)

table.setLeadingRowLabels('Size\tQuantity')

table.showHorizontalGrid(True)

table. showVerticalGrid(True)

listId = table. addList('Small\tMedium\tLarge')

table. setColumnType(0 , AFXTable. LIST)

table. setColumnListId(0 , listId)

在一个表单元中的混合框如图 3-26 所示。

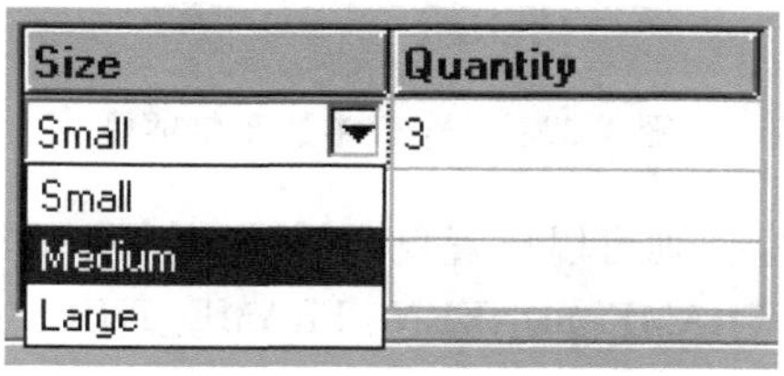

图 3-26　在一个表单元中的混合框

也可以使用表格的 appendListItem 方法来添加包含图标的列表项目。

icon = createGIFIcon('myIcon. gif')

table. appendListItem(listId , 'Extra large' , icon)

当将表格关键字与一个包含列表的表格连接时，必须正确地设置表格关键字的列类型。如果列表只包含文字，则可以将列类型设置成 AFXTABLE_TYPE_STRING。它将关键字的值设置成列表中所选项目的文本。类似地，如果列表仅包含图标，则可以将列类型设置成 AFXTABLE_TYPE_INT。它将关键字的值设置成列表中所选项目的索引。如果列表同时包含文字和图标，则可以为列类型使用任何一种设置。

3.6.8　布尔类型

如果想要允许用户指定表格中的值为 True 或者 False，则必须设置列的类型为 BOOL。只要用户单击项目，布尔项目的值就切换。在默认情况下，空白的图标代表 False，一个复选图标代表 True。在表格中包括布尔项目的方法如下：

vf = FXVerticalFrame(gb , FRAME_SUNKEN | FRAME_THICK ,

　　0 , 0 , 0 , 0 , 0 , 0 , 0 , 0)

table = AFXTable(vf , 4 , 2 , 4 , 2 , None , 0 ,

　　AFXTABLE_NORMAL | AFXTABLE_EDITABLE)

table. setLeadingRows(1)

table. setLeadingRowLabels('Nlgeom\tStep')

table. showHorizontalGrid(True)

table. showVerticalGrid(True)

table. setColumnType(0 , table. BOOL)

table. setColumnWidth(0 , 50)

table. setColumnJustify(0 , AFXTable. CENTER)

一个表中的布尔项目如图 3-27 所示。

NIgeom	Step
✔	Step-1
	Step-2
✔	Step-3

图 3-27　一个表中的布尔项目

如果不想使用默认的图标，则可以设置自己的真图标和假图标，如图 3-28 所示。例如：

vf = FXVerticalFrame(gb, FRAME_SUNKEN | FRAME_THICK,
　　0,0,0,0,0,0,0,0)

table = AFXTable(vf, 4, 2, 4, 2, None, 0,
　　AFXTABLE_NORMAL | AFXTABLE_EDITABLE)

table. setLeadingRows(1)

table. setLeadingRowLabels('State\tLayer')

table. showHorizontalGrid(True)

table. showVerticalGrid(True)

table. setColumnType(0, table. BOOL)

table. setColumnWidth(0, 50)

table. setColumnJustify(0, AFXTable. CENTER)

from appIcons import lockedData, unlockedData

trueIcon = FXXPMIcon(getAFXApp( ), lockedData)

falseIcon = FXXPMIcon(getAFXApp( ), unlockedData)

table. setDefaultBoolIcons(trueIcon, falseIcon)

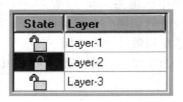

图 3-28　定义自己的真图标和假图标

3.6.9　图标类型

如果想要在一个项目中显示一个图标，则必须设置列的种类为 ICON，并且赋予要显示的图标。该列的类型用户不能编辑。在一个表单元中包括一个图标的方法如下：

vf = FXVerticalFrame(parent,FRAME_SUNKEN | FRAME_THICK,
    0,0,0,0,0,0,0,0)

table = AFXTable(vf,4,2,4,2,None,0,
    AFXTABLE_NORMAL | AFXTABLE_EDITABLE)

table. setLeadingRows(1) table. setLeadingRowLabels(' \tStatus')

table. showHorizontalGrid(True)

table. showVerticalGrid(True)

table. setColumnType(0 ,table. ICON)

table. setColumnWidth(0 ,30)

table. setColumnJustify(0 ,AFXTable. CENTER)

from appIcons import circleData ,squareData

circleIcon = FXXPMIcon(getAFXApp( ) ,circleData)

squareIcon = FXXPMIcon(getAFXApp( ) ,squareData)

table. setItemIcon(1 ,0 ,circleIcon)

table. setItemIcon(2 ,0 ,squareIcon)

table. setItemIcon(3 ,0 ,circleIcon)

在表单中包括图标如图 3-29 所示。

图 3-29   在表单中包括图标 1

3. 6. 10   颜色类型

如果想要在一个表中显示一个颜色按钮，则必须将类型设置成 COLOR。如果表格是可编辑的，则用户可以在颜色选择对话框中单击颜色按钮改变颜色。颜色按钮是一个可以具有至多 3 个弹出选项的弹出按钮，一个为特定的颜色，一个为默认的颜色，一个为当前的颜色。选项标识及其作用见表 3-5。

表 3-5   选项标识及其作用

选 项 标 识	作 用
COLOR_INCLUDE_COLOR_ONLY	仅包括特定的颜色
COLOR_INCLUDE_AS_IS	包括当前的颜色
COLOR_INCLUDE_DEFAULT	包括默认的颜色
COLOR_INCLUDE_ALL	包括所有的颜色

下面的例子显示了如何在一个表格中显示颜色按钮：

vf = FXVerticalFrame(
    gb,FRAME_SUNKEN | FRAME_THICK,0,0,0,0,0,0,0,0)
table = AFXTable(
    vf,4,2,4,2,None,0,AFXTABLE_NORMAL | AFXTABLE_EDITABLE)
table. setLeadingRows(1)
table. setLeadingRowLabels('Name\tColor')
table. setColumnType(1,AFXTable. COLOR)
table. setColumnColorOptions(
    1,AFXTable. COLOR_INCLUDE_COLOR_ONLY)
table. setItemText(1,0,'Part-1')
table. setItemText(2,0,'Part-2')
table. setItemText(3,0,'Part-3')
table. setItemColor(1,1,'#FF0000')
table. setItemColor(2,1,'#00FF00')
table. setItemColor(3,1,'#0000FF')

在表格单元中包括图标如图3-30所示。

Name	Color
Part-1	
Part-2	
Part-3	

图3-30　在表格单元中包括图标2

3. 6. 11　弹出菜单

可以使用 setPopupOptions 方法，通过指定合适的标识来对表格添加弹出菜单。当用户在表格上的任何地方单击鼠标右键时，将显示菜单。弹出菜单中支持的选项标识及作用见表3-6。

表3-6　弹出菜单支持的选项标识及作用

选项标识	作　　用
POPUP_NONE（默认）	将不显示弹出菜单
POPUP_CUT	对弹出菜单添加一个剪切（Cut）按钮
POPUP_COPY	对弹出菜单添加一个复制（Copy）按钮
POPUP_PASTE	对弹出菜单添加一个粘贴（Paste）按钮
POPUP_EDIT	POPUP_CUT | POPUT_COPY | POPUP_PASTE
POPUP_INSERT_ROW	对弹出菜单添加在前/在后插入行（Insert Row Before/After）按钮

（续）

选项标识	作　　用
POPUP_INSERT_COLUMN	对弹出菜单添加在前/在后插入列（Insert Column Before/After）按钮
POPUP_DELETE_ROW	对弹出菜单添加删除行（Delete Rows）按钮
POPUP_DELETE_COLUMN	对弹出菜单添加删除列（Delete Columns）按钮
POPUP_CLEAR_CONTENTS	对弹出菜单添加清除内容/表格（Clear Contents/Table）按钮
POPUP_MODIFY	POPUP_INSERT_ROW｜POPUP_INSERT_COLUMN｜POPUP_DELETE_ROW｜POPUP_DELETE_COLUMN｜POPUP_CLEAR_CONTENTS
POPUP_READ_FROM_FILE	对弹出菜单添加从文件读取（Read from File）按钮 注意：包括 POPUP_INSERT_ROW 和 POPUP_READ_FROM_FILE 来允许为当前的数据文件定义义行的自动扩展
POPUP_WRITE_TO_FILE	对弹出菜单添加写到文件（Write to File）按钮
POPUP_ALL	POPUP_EDIT｜POPUP_MONDIFY｜POPUP_READ

也可以通过使用表格的 appendClientPopupItem 方法，对弹出菜单添加自定义按钮，如图 3-31 所示。下面的例子显示了如何提供不同的弹出菜单选项：

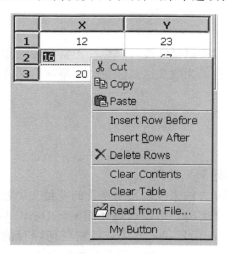

图 3-31　弹出菜单选项

vf = FXVerticalFrame(parent ,FRAME_SUNKEN｜FRAME_THICK,
　　0,0,0,0,0,0,0,0)
table = AFXTable(vf,4,3,4,3,None,0,
　　AFXTABLE_NORMAL｜AFXTABLE_EDITABLE)
table. setLeadingColumns(1)
table. setLeadingRows(1)
table. setLeadingRowLabels('X\tY')
table. showHorizontalGrid(True)
table. showVerticalGrid(True)
table. setColumnWidth(0,30)

```
# Center all columns
table. setColumnJustify( - 1 ,table. CENTER)
table. setPopupOptions(
    AFXTable. POPUP_CUT | AFXTable. POPUP_COPY
    | AFXTable. POPUP_PASTE
    | AFXTable. POPUP_INSERT_ROW
    | AFXTable. POPUP_DELETE_ROW
    | AFXTable. POPUP_CLEAR_CONTENTS
    | AFXTable. POPUP_READ_FROM_FILE
)
table. appendClientPopupItem( 'My Button' ,None ,self ,
    self. ID_MY_BUTTON)
FXMAPFUNC( self ,SEL_COMMAND ,self. ID_MY_BUTTON ,MyDB. onCmdMyBtn)
```

3. 6. 12　颜色

显示字符的表格中的项目可以设定两种颜色:正常的颜色和选中的颜色。此外,每一个项目具有背景颜色和文字颜色。为改变这些颜色,表格窗口部件提供下面的控制:

- 项目文字颜色。
- 项目背景颜色。
- 选中的项目文字颜色。
- 选中的项目背景颜色。
- 项目颜色(颜色按钮见3. 1. 10 节)。

可以使用 setItemTextColor 方法来控制显示字符的项目文字颜色。显示字符的项目包括字符串、数字和列表。当选取文字时,可以通过使用 setSelTextColor 方法来控制这些项目的文字颜色。可以通过使用 setItemBackColor 方法来控制任何项目的背景颜色。当选取项目时,可以通过使用 setSelBackColor 方法来控制任何项目的背景颜色。

如果不希望在用户选取一个项目时改变颜色,则可以将用于所选项目的颜色设置线与未被选项目所使用的颜色相同。这种方法显示在下面的例子中:

```
itemColor = table. getItemBackColor( 1 ,1 )

table. setSelBackColor( itemColor)

itemTextColor = table. getItemTextColor( 1 ,1 )

table. setSelTextColor( itemTextColor)
```

用户可以使用颜色名称来设置颜色,或者通过使用 FXRGB 功能指定 RGB 值来设置颜色。有效颜色名的列表和它们对应的 RGB 值见附录 B。在下面的例子中显示了两种方法,如图 3-32 所示。

```
vf = FXVerticalFrame( parent ,FRAME_SUNKEN | FRAME_THICK ,
    0 ,0 ,0 ,0 ,0 ,0 ,0 ,0 )
```

table = AFXTable(vf,4,2,4,2,None,0,
　　AFXTABLE_NORMAL | AFXTABLE_EDITABLE)
table. setLeadingRows(1)
table. setLeadingRowLabels('Name\tDescription')
table. showHorizontalGrid(True)
table. showVerticalGrid(True)
table. setItemTextColor(1,0,'Blue')
table. setItemTextColor(1,1,FXRGB(0,0,255))
table. setItemBackColor(3,0,'Pink')
table. setItemBackColor(3,1,FXRGB(255,192,203))

Name	Description
Part-1	Solid extrusion
Part-2	2D planar
Part-3	Axisymmetric

图 3-32　为表格项目设置颜色

3.6.13　归类

可以在表中将一个列设置成可归类。如果一个列设置为可归类的，并且单击它的标题，则在标题中将显示一个图像来显示归类的次序。用户必须编写在表中进行实际排序的代码——表格自身仅在标题单元中提供图像化的反馈。例如：
class MyDB(AFXDataDialog):
　　def__init(self) :
　　　　. . .
　　　　# Handle clicks in the table.
　　　　FXMAPFUNC(self,SEL_CLICKED,self. ID_TABLE,
　　　　　　　MyDB. onClickTable)
　　　　. . .
　　　　# Create a table.
　　　　vf = FXVerticalFrame(
　　　　　　parent,FRAME_SUNKEN | FRAME_THICK,0,0,0,0,0,0,0,0)
　　　　self. sortTable = AFXTable(vf,4,3,4,3,self,
　　　　　　self. ID_TABLE,AFXTABLE_NORMAL | AFXTABLE_EDITABLE)
　　　　　　self. sortTable. setLeadingRows(1)
　　　　　　self. sortTable. setLeadingRowLabels('Name\tX\tY')
　　　　　　self. sortTable. setColumnSortable(1,True)

```
                    self. sortTable. setColumnSortable(2,True)
                    ...
        def onClickTable(self,sender,sel,ptr):
            status,x,y,buttons = self. sortTable. getCursorPosition()
            column = self. sortTable. getColumnAtX(x)
            row = self. sortTable. getRowAtY(y)
            # Ignore clicks on table headers.
            if row ! = 0 or column ==0:
                return
            values = []
            index = 1
            for row in range(1,self. sortTable. getNumRows()):
                values. append((self. sortTable. getItemFloatValue(
                    row,column),index))
                index + = 1
            values. sort()
            if self. sortTable. getColumnSortOrder(column) == \
                AFXTable. SORT_ASCENDING:
                    values. reverse()
            items = []
            for value,index in values:
                name = self. sortTable. getItemValue(index,0)
                xValue = self. sortTable. getItemValue(index,1)
                yValue = self. sortTable. getItemValue(index,2)
                items. append((name,xValue,yValue))
            row = 1
            for name,xValue,yValue in items:
                self. sortTable. setItemValue(row,0,name)
                self. sortTable. setItemValue(row,1,xValue)
                self. sortTable. setItemValue(row,2,yValue)
                row + = 1
```

表格项目的归类如图 3-33 所示。

Name	X	Y
XYData-3	3	6
XYData-2	2	5
XYData-1	1	4

图 3-33　表格项目的归类

3.7 混合窗口部件

- "隔离器" (3.7.1 节)
- "注意和警告" (3.7.2 节)
- "进度条" (3.7.3 节)

本节介绍了使用 Abaqus GUI 工具包的一组混合组件。

3.7.1 隔离器

FXHorizontalSeparator 窗口部件和 FXVerticalSeparator 窗口部件提供了一个可见的隔离器来允许在一个 GUI 中分隔单元。Abaqus GUI 工具包也包括一个 FXMenuSeparator 窗口部件，可以用来在一个菜单顶边中分隔项目。例如：

FXLabel(parent,'This is a label above an FXHorizontalSeparator')

FXHorizontalSeparator(parent)

FXLabel(parent,'This is a label below an FXHorizontalSeparator')

一个 FXHorizontalSeparator 的水平隔离器如图 3-34 所示。

This is a label above an FXHorizontalSeparator

This is a label below an FXHorizontalSeparator

图 3-34　一个 **FXHorizontalSeparator** 的水平隔离器

3.7.2 注意和警告

AFXNote 窗口部件提供一个便利的途径在对话框中显示注意和警告，如图 3-35 所示。AFXNote 以粗体字显示单词"Note"或者单词"Warning"。AFXNote 也对齐包含多行的信息。例如：

AFXNote(parent,'This is an AFXNote information note\n'

　　　'that wraps on two lines. ')

AFXNote(parent,'This is an AFXNote warning note！',NOTE_WARNING)

Note:　This is an AFXNote information note
　　　that wraps on two lines.

Warning:　This is an AFXNote warning note!

图 3-35　一个 **AFXNote** 的注意和警告例子

3.7.3 进度条

AFXProgressBar 窗口部件对花费长时间来完成的过程提供反馈。例如：

```
pb = AFXProgressBar( parent,keyword,tgt,
    LAYOUT_FIX_HEIGHT | LAYOUT_FIX_WIDTH |
    FRAME_SUNKEN | FRAME_THICK | AFXPROGRESSBAR_SCANNER,
    0,0,200,25)
```

如果想要控制进度条的显示，则可以使用百分比或者迭代器模式，并且使用合适值调用 setProgress。

```
from abaqusGui import *
class MyDB( AFXDataDialog):
    ID_START = AFXDataDialog. ID_LAST
    def __init__( self,form):
        AFXDataDialog. __init__( self,form,'My Dialog',
            self. OK | self. CANCEL,DECOR_RESIZE | DIALOG_ACTIONS_SEPARATOR)
        FXButton( self,'Start Something',None,self,self. ID_START)
        FXMAPFUNC( self,SEL_COMMAND,self. ID_START,MyDB. onDoSomething)
        self. scannerDB = ScannerDB( self)
    def onDoSomething( self,sender,sel,ptr):
        self. scannerDB. create()
        self. scannerDB. showModal( self)
        getAFXApp(). repaint()
        files = [
            'file_1. txt',
            'file_2. txt',
            'file_3. txt',
            'file_4. txt',
        ]
        self. scannerDB. setTotal( len( files) )
        for i in range( 1,len( files) + 1 ):
            self. scannerDB. setProgress( i)
            # Do something with files[ i]
        self. scannerDB. hide()
class ScannerDB( AFXDialog):
    def __init__( self,owner):
        AFXDialog. __init__( self,owner,'Work in Progress',
            0,0,DIALOG_ACTIONS_NONE)
        self. scanner = AFXProgressBar( self,None,0,
            LAYOUT_FIX_WIDTH | LAYOUT_FIX_HEIGHT |
            FRAME_SUNKEN | FRAME_THICK | AFXPROGRESSBAR_ITERATOR,
            0,0,200,22)
    def setTotal( self,total):
```

```
        self. scanner. setTotal( total)
    def setProgress( self, progress) :
        self. scanner. setProgress( progress)
```

注意，setProgress 方法对于使用扫描模式的进度条没有作用。

进度条的模式如图 3-36 所示。

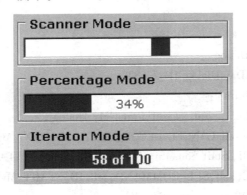

图 3-36　进度条的模式

3.8　create 方法

Abaqus GUI 工具栏中的大部分窗口部件采用两个阶段的创建过程。在第一个阶段，窗口部件构造器为窗口部件建立数据结构。在第二阶段，工具包调用窗口部件的 create 方法。create 方法构建窗口所要求的所有窗口，这样窗口部件可以在屏幕上显示。

在大部分情况下，此应用首先启动脚本，调用所有所需的窗口部件构造器，这些窗口构造器通过构建主窗口来建立应用的初始结构，然后脚本调用应用目标的 create 方法。该调用分层次地遍历整个窗口部件，调用每一个窗口部件 create 方法。

如果在启动脚本已经调用了应用的 create 方法之后才创建窗口部件，则必须在那些新窗口部件上调用 create 方法，否则它们在屏幕上不可见。

如果用户的对话框是以表或者过程的形式显示的，则基础结构在对话框上调用 create( ) 方法。如果想自己显示一个对话框，则在调用对话框的 show( ) 方法之前，必须在对话框上调用 create( ) 方法。

类似地，如果在窗口部件创建后构建要使用的图标，则必须在窗口部件使用它们之前在这些图标上调用 create( ) 方法。例如，如果想在图标已经显示在对话框之后再去改变它们，则必须按照以下步骤进行操作：

1）构建新图标。

2）调用新图标的 create( ) 方法。

3）使用图标的 setIcon( ) 方法来将图标传递到标签。

3.9 窗口部件和字体

当用户开始一个应用时，应用设置将用于所有窗口部件的默认字体。在 Windows 平台，应用从桌面设置得到默认的字体。在 Linux 平台，默认字体是 Helvetica。

应用可以发出一个改变它默认字体的命令。在命令发出后，应用创建的所有窗口部件使用新字体。可以通过使用许多窗口部件都可以用的 setFont 方法，来改变单个的窗口。

用户使用 getAFXFont 方法来得到一个窗口部件的当前字体设置。可能的字体是：

- FONT_PROPORTIONAL。
- FONT_MONOSPACE。
- FONT_BOLD。
- FONT_ITALIC。
- FONT_SMALL。

为所有的窗口部件和一个特定窗口部件改变默认字体的方法如下：

```
# 得到当前的默认字体
normalFont = getAFXApp( ). getNormalFont( )

# 为后续创建的窗口部件设置加粗的字体
getAFXApp( ). setNormalFont( getAFXFont( FONT_BOLD ) )
FXLabel( self , 'Bold font' )

# 重载默认字体
getAFXApp( ). setNormalFont( normalFont )

# 在窗口部件创建之后设置它的字体
l = FXLabel( self , 'Sample text' )
l. setFont( getAFXFont( FONT_MONOSPACE ) )
```

4　布局管理器

该部分介绍了如何使用 Abaqus GUI 工具包中的布局管理器来在对话框中安排窗口部件。该部分包括的主要内容如下：

- "布局管理器的概览"（4.1 节）
- "填充和留白"（4.2 节）
- "水平和竖直框"（4.3 节）
- "复合子类的竖直对齐"（4.4 节）
- "通用目的的布局管理器"（4.5 节）
- "行和列的布局管理器"（4.6 节）
- "可调整大小的区域"（4.7 节）
- "旋转区域"（4.8 节）
- "选项卡"（4.9 节）
- "布局提示"（4.10 节）
- "布局例子"（4.11 节）
- "指定布局提示的技巧"（4.12 节）

4.1 布局管理器的概览

一个布局管理器将它的子类在它的内部进行特定安排的放置。布局管理器使用一个布局提示和打包类型的组合来确定如何放置子类并确定它们的大小。Abaqus GUI 工具包中的布局管理器计算相对大小和相对位置，而不是绝对坐标。这种相对方法自动的考虑诸如不同的字体大小和窗口变化大小。

在 Abaqus GUI 工具包中可以使用下面的布局管理器。

FXHorizontalFrame

水平地安排窗口部件，更多的信息见4.3节。

FXVerticalFrame

竖直地安排窗口部件，更多的信息见4.3节。

AFXVerticalAligner

竖直对齐它的子类的第一个子，更多的信息见4.4节。

FXPacker

以通用的方式安排窗口部件，更多的信息见4.5节。

AFXDialog

与 FXPacker 的作用一样，更多的信息见4.5节。

FXGroupBox

与 FXPacker 的作用一样，但允许一个标题边框，更多的信息见4.5节。

FXMatrix

以行和列安排窗口部件，更多的信息见4.6节。

FXSplitter

垂直或水平地分割区域，并且允许变化区域的大小，更多的信息见4.7节。

FXSwitcher

互换彼此（旋转区域）的顶部子类，更多的信息见4.8节。

FXTabBook

同一时间显示窗口部件的一个表或者一页。用户通过单击一个选项卡按钮来选择要显示的选项卡，更多的信息见4.9节。

4.2　填充和留白

布局管理器提供一些默认的填充，使得窗口部件彼此之间分离。这些值通常可以在靠近窗口部件参数列表的结尾找到。例如：

FXPacker($\cdots$, pl, pr, pt, pb, $\cdots$)

通常，应当接受填充的默认值。如果具有嵌套的布局管理器，则应当设置填充值为零。

布局管理器也提供它们子类之间的留白。这些值通常在窗口部件参数表的尾部找到。例如：

FXPacker($\cdots$, hs, vs)

通常，应当接受留白的默认值。

某些"复合"窗口部件（如 **AFXTextField**、**AFXComboBox** 和 **AFXSpinner**）具有两个填充值：一个是内部字符串窗口部件的填充值，另一个是选项卡的整个窗口部件填充值。通过将填充值传递进窗口部件构造器的内部来为内部文字区域窗口部件设置填充。通过调用窗口部件上的一种填充方法来为整个窗体组件设置填充，如 setPadLeft。

4.3 水平和竖直框

FXHorizontalFrame 和 FXVerticalFrame 窗口部件分别以行或者列来布置它们的子类。
例如：

vf = FXVerticalFrame(parent)

FXButton(vf, 'Button 1')

FXButton(vf, 'Button 2')

FXButton(vf, 'Button 3')

一个 FXVerticalFrame 的竖直框如图 4-1 所示。

图 4-1　一个 FXVerticalFrame 的竖直框

4.4 复合子类的竖直对齐

AFXVerticalAligner 窗口部件是用来对齐包含多子类的子类的。AFXVerticalAligner 执行以下操作：

1）找到它的每一个诸多子类中的第一个子类的最大宽度。

2）将所有第一个子类的宽度设为最大宽度。

例如：

va = AFXVerticalAligner(parent)

AFXTextField(va,16,'Name：')

AFXTextField(va,16,'Address：')

AFXTextField(va,16,'Phone Number：')

一个 AFXVerticalAligner 的竖直对齐例子如图 4-2 所示。

图 4-2　一个 AFXVerticalAligner 的竖直对齐例子

4.5　通用目的的布局管理器

Abaqus GUI 工具包包括的以下 3 个通用目的的布局管理器具有类似的布局能力。

FXPacker

FXPacker 是一个通用目的的布局管理器。

AFXDialog

AFXDialog 提供类似于 FXPacker 的能力。作为结果，不需要将顶层级的布局管理器提供成对话框中的第一个子类，可以使用对话框的布局能力来取代。

FXGroupBox

FXGroupBox 提供类似于 FXPacker 的能力。此外，FXGroupBox 可以在它的子类周围显示一个带有标签的边界。Abaqus/CAE 使用 FRAME_GROOVE 标识来在子类组框的子类周围产生一个细边框。

例如：

gb = FXGroupBox(parent, 'Render Style', FRAME_GROOVE)

FXRadioButton(gb, 'Wireframe')

FXRadioButton(gb, 'Filled')

FXRadioButton(gb, 'Shaded')

一个 FXGroupBox 的带有标签边界的组框例子如图 4-3 所示。

图 4-3　一个 FXGroupBox 的带有标签边界的组框例子

4.6 行和列的布局管理器

FXMatrix 窗口部件以行和列来安排它的子类。可以使用 opts 参数（MATRIX_BY_ROWS）的默认值来执行布局，或者通过设置 opts = MATRIX_BY_COLUMNS 的方法来列智能的执行布局。如果设置 opts = MATRIX_BY_ROWS，则矩阵将创建指定数量的行，并且根据所需的列来容纳所有它的子类。反过来，如果设置 opts = MATRIX_BY_COLUMNS，则矩阵将创建指定数量的列，并且根据所需的行来容纳它的子类。

例如，使用默认的 opts = MATRIX_BY_ROWS 设定

m = FXMatrix(parent, 2)

FXButton(m, 'Button 1')

FXButton(m, 'Button 2')

FXButton(m, 'Button 3')

FXButton(m, 'Button 4')

FXButton(m, 'Button 5')

FXButton(m, 'Button 6')

一个具有两行矩阵的 FXMatrix 例子如图 4-4 所示。

图 4-4　一个具有两行矩阵的 **FXMatrix** 例子

4.7　可调整大小的区域

FXSplitter 窗口部件垂直地或者水平地分割一个区域。用户可以在区域之间的地带中拖动鼠标并且调整区域的大小。例如：

sp = FXSplitter(parent ,

　　　LAYOUT_FILL_X | LAYOUT_FIX_HEIGHT | SPLITTER_VERTICAL ,

　　　0 , 0 , 0 , 100)

hf1 = FXHorizontalFrame(sp , FRAME_SUNKEN | FRAME_THICK)

FXLabel(hf1 , 'This is area 1')

hf2 = FXHorizontalFrame(sp , FRAME_SUNKEN | FRAME_THICK)

FXLabel(hf2 , 'This is area 2')

一个使用 FXSplitter 的可调整区域垂直布局大小的例子如图 4-5 所示。

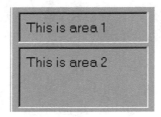

图 4-5　一个使用 **FXSplitter** 的可调整区域垂直布局大小的例子

4.8　旋转区域

FXSwitcher 窗口部件管理那些被定位在彼此顶部的子类。FXSwitcher 允许通过给它发送一个消息或者调用它的 setCurrent 方法来选择应当显示哪一个子类。当发送一个消息时，必须将第一个子类的消息身份证设置成 FXSwitcher. ID_OPEN_FIRST。为了使用 setCurrent 方法，应当提供想要显示的子类的从零开始的索引。例如，为显示第一个子类，应当使用零值索引来调用 setCurrent 方法。

例如：

sw = FXSwitcher(parent)

FXRadioButton(hf, 'Option 1', sw, FXSwitcher. ID_OPEN_FIRST)

FXRadioButton(hf, 'Option 2', sw, FXSwitcher. ID_OPEN_FIRST + 1)

hf1 = FXHorizontalFrame(sw)

FXButton(hf1, 'Button 1')

FXButton(hf1, 'Button 2')

hf2 = FXHorizontalFrame(sw)

FXButton(hf2, 'Button 3')

FXButton(hf2, 'Button 4')

一个 FXSwitcher 的旋转区域的例子如图 4-6 所示。

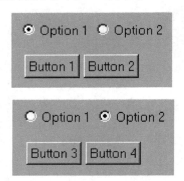

图 4-6　一个 FXSwitcher 的旋转区域的例子

4.9　选项卡

FXTabBook 窗口部件使用"表项目"来控制它的"页"一次显示一个。FXTabBook 期望它的奇数子类是 FXTabItems，以及它的偶数子类是某种类型的布局管理器。布局管理器包含要显示在那页上的任何窗口部件。单击一个表项目将显示与此表有关联的布局管理器及所有它的子类，同时隐藏所有其他的布局管理器。通常，对布局管理器使用一个水平的或者竖直的框，并且设置它的框选选项为 FRAME_RAISED│FRAME_THICK 来提供一个标准的边界。

可以嵌套选项卡来在表内部提供多个表：

tabBook1 = FXTabBook(self, None, 0, LAYOUT_FILL_X)

FXTabItem(tabBook1, 'Tab Item 1')

tab1Frame = FXHorizontalFrame(tabBook1,
    FRAME_RAISED│FRAME_SUNKEN)

FXLabel(tab1Frame, '
    This is the region controlled by Tab Item 1. ')

FXTabItem(tabBook1, 'Tab Item 2')

tab2Frame = FXHorizontalFrame(tabBook1, FRAME_RAISED│FRAME_SUNKEN)

tabBook2 = FXTabBook(tab2Frame, None, 0,
    TABBOOK_LEFTTABS│LAYOUT_FILL_X)

FXTabItem(tabBook2, 'Subtab Item 1', None, TAB_LEFT)

subTab1Frame = FXHorizontalFrame(tabBook2,
    FRAME_RAISED│FRAME_SUNKEN)

AFXNote(subTab1Frame,
    'This is a note\nin sub-tab item 1\nthat extends\n' \
    'over several\nlines. ')

FXTabItem(tabBook2, 'Subtab Item 2', None, TAB_LEFT)

subTab2Frame = FXHorizontalFrame(tabBook2,
    FRAME_RAISED│FRAME_SUNKEN)

图 4-7 显示了嵌套选项卡的例子。

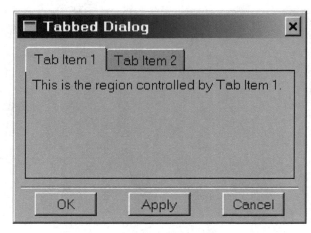

图 4-7　嵌套选项卡的例子

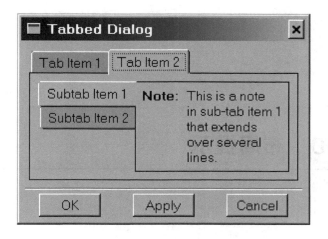

图4-7　嵌套选项卡的例子（续）

4.10 布局提示

FXPacker、FXTopWindow 和 FXGroupBox 窗口部件在它们的子类中接受下面的布局提示：

LAYOUT_SIDE_TOP：

在腔的顶部附加一个窗口部件。LAYOUT_SIDE_TOP 是默认的布局提示。

LAYOUT_SIDE_BOTTOM：

在腔的底部附加一个窗口部件。

LAYOUT_SIDE_LEFT：

在腔的左边附加一个窗口部件。

LAYOUT_SIDE_RIGHT

在腔的右边附加一个窗口部件。

对于每一个子类，应当指定唯一的 LAYOUT_SIDE_ * 提示。顶部和底部提示显著地降低了放置其他子类的可用空间高度。

所有布局管理器支持下面的布局提示。

● LAYOUT_LEFT（默认的）和 LAYOUT_RIGHT：布局管理器将窗口部件置于容器内部的左边或者右边。

● LAYOUT_TOP（默认的）和 LAYOUT_BOTTOM：布局管理器将窗口部件置于容器内部的上边或者下边。

● LAYOUT_CENTER_X 和 LAYOUT_CENTER_Y：布局管理器在父类中 X-方向或者 Y-方向上的中心放置窗口部件。管理器在窗口部件的周围添加额外的空间来将它安放在其可用空间的中心处。窗口部件的大小将是它的默认大小，除非指定 LAYOUT_FIX_WIDTH 或 LAYOUT_FIX_HEIGHT。

● LAYOUT_FILL_X 和 LAYOUT_FILL_Y：可以任意指定没有、一个或者两个布局提示。LAYOUT_FILL_X 造成父类布局管理器伸展或者收缩窗口部件来适应可用的空间。如果并排放置多个具有此选项的子类，则管理器将可用空间按照子类的默认大小成比例地划分。LAYOUT_FILL_Y 在竖直方向上具有相同的作用。

FXPacker、FXTopWindow 和 FXGroupBox 必须将 LAYOUT_SIDE_TOP 和 LAYOUT_SIDE_BOTTOM 与 LAYOUT_LEFT 和 LAYOUT_RIGHT 一起使用。如果说明不合情理，则 Abaqus GUI 工具包将忽视这些提示。例如，FXHorizontalFrame 忽略 LAYOUT_TOP 和 LAYOUT_BOTTOM。对其他的提示应用类似的准则。

Abaqus GUI 工具包中的大部分窗口部件在它们的构造器中具有宽度和高度参数。在大部分情况下，可以接受这些零默认值的参数值，以允许让应用来确定窗口部件的合适大小。然而，在某些情况下，将需要为窗口部件的宽度和高度设置明确的值。为设置宽度和高度，必须将 LAYOUT_FIX_WIDTH 和 LAYOUT_FIX_HEIGHT 标识符传递到窗口部件的功能参数中。如果不传递这些标识符到功能参数中，则工具包将忽略为宽度和高度指定的值。

4.11 布局例子

下面的例子创建了 3 个按钮，一次一个，使用默认的布局提示。随着按钮的创建，图显示了留白保持在布局腔内的效果。

【例1】

　　第一个例子从在腔的左边创建一个单独按钮开始。垂直位置的默认值是 LAYOUT_TOP，所以例子将按钮放置在左侧及可用空间的上面，如图 4-8 所示。

gb = FXGroupBox(parent , '')

FXButton(gb , 'Button 1' , opts = LAYOUT_SIDE_LEFT | BUTTON_NORMAL)

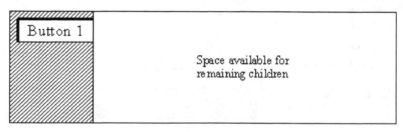

图 4-8　在左边和布局腔的上面创建一个按钮

　　下面的语句添加第二个按钮到可用空间顶部的左侧（见图 4-9）：

FXButton(gb , 'Button 2' , opts = LAYOUT_SIDE_LEFT | BUTTON_NORMAL)

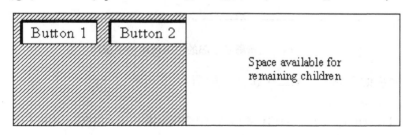

图 4-9　在布局腔顶部的左侧添加第二个按钮

　　下面的语句在可用空间顶部的左侧添加第三个按钮（见图 4-10）：

FXButton(gb , 'Button 3' ,

　　　opts = LAYOUT_SIDE_LEFT | BUTTON_NORMAL)

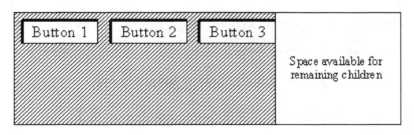

图 4-10　在布局腔顶部的左侧添加第三个按钮

图 4-11 显示了 3 个按钮的最终配置。

图 4-11   3 个按钮的最终配置

【例 2】

第二个例子显示了如何使用非默认的布局提示。通过使用默认的提示开始，来在可用空间顶部的左侧放置按钮。

gb = FXGroupBox(p, '')

FXButton(gb, 'Button 1')

在布局腔上部的左侧创建一个按钮，如图 4-12 所示。

图 4-12   在布局腔上部的左侧创建一个按钮

在布局腔底部的右侧安放第二个按钮，如图 4-13 所示。

FXButton(gb, 'Button 2',

    opts = LAYOUT_SIDE_BOTTOM | LAYOUT_RIGHT | BUTTON_NORMAL)

图 4-13   在布局腔底部的右侧添加第二个按钮

最后，在可用空间的底部中间添加第三个按钮，如图 4-14 所示。

FXButton(gb, 'Button 3',

    opts = LAYOUT_SIDE_BOTTOM | LAYOUT_CENTER_X | BUTTON_NORMAL)

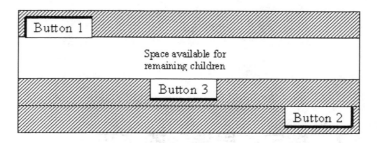

图 4-14 在布局腔底部的中间添加第三个按钮

图 4-15 显示了 3 个按钮的最终布置。

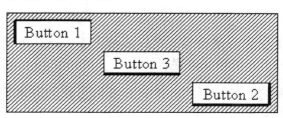

图 4-15 3 个按钮的最终布置

4.12　指定布局提示的技巧

- 不要过度指定布局提示。在许多情况下，默认的值就是所需要的，并且不需要指定提示。

- 考虑简单的行和列形式，并且在任何可能的时候使用水平或者竖直框架。

- 为了避免建立过度的填充，在嵌套布局管理器中设置填充到零。

- 布局提示在附录 C 中进行了详细介绍。

5　对话框

该部分描述用户可以使用 Abaqus GUI 工具包创建的对话框。该部分包括的内容如下：

- "对话框的概览"（5.1 节）
- "模态窗体与非模态窗体"（5.2 节）
- "显示和隐藏对话框"（5.3 节）
- "消息对话框"（5.4 节）
- "自定义对话框"（5.5 节）
- "数据对话框"（5.6 节）
- "常用对话框"（5.7 节）

5.1 对话框的概览

对话框下面的通用种类在 Abaqus GUI 工具包中是可以使用的：

消息对话框

消息对话框允许显示错误、警告或者信息性消息。

自定义对话框

自定义对话框允许建立任何的自定义界面。用户必须提供所需的基本构件来使得对话框按需求工作。

数据对话框

数据对话框为用户输入数据的对话框提供支持。数据对话框设计用来对表格提供用户输入，表自动地发出命令。更多信息见 7.3 节。

常见对话框

常见对话框提供在许多应用中通常可以找到的标准功能对话框。File Selection 对话框是一个典型的普通对话框。

5.2　模态窗体与非模态窗体

对话框可以是模态窗体的，也可以是非模态窗体的。

模态窗体

一个模态窗体对话框防止与其余的应用互动，直到用户解除了对话框。

非模态窗体

一个非模态窗体对话框允许当对话框显示时，用户与 GUI 的其他部分互动。在 Abaqus/CAE 所有的二级对话框中，除了提示应当是模态窗体的对话框，其他都是非模态窗体的。

一个对话框自身是不定义成模态窗体化还是非模态窗体化的——行为是通过显示对话框所用的方法来得到的。

对于通过表格显示的对话框，可以通过调用表格的 setModal 方法来设置模态窗体化的行为，并提供一个 True 或 False 的参数。如果调用具有 True 参数的 setModal，则表格将模态窗体化地显示下一个对话框。如果需要在表格管理的不同对话框之间改变模块化行为，则可以在一个表格中调用几次 setModal 方法。

5.3   显示和隐藏对话框

对话框具有 show 和 hide 方法来从屏幕上显示或者隐藏对话框。在大部分情况下，不需要调用这些方法，因为模块基本构架为用户调用它们。用户可以试图写自己的 show 和 hide 方法，来执行一些在对话框显示或者隐藏之前要应用的特殊处理过程。例如，可以注册并注销 show 和 hide 方法中的查询。必须调用 show 和 hide 方法的基础类版本，或者并非如预期那样运行的方法的基础类版本。例如，在对话类代码中应当添加下面的行：

```
def show(self):
    #这里做一些特别的过程
    ...
    #调用基本类方法
    AFXDataDialog. show(self)
def hide(self):
    #这里做一些特别的过程
    ...
    #调用基本类方法
    AFXDataDialog. hide(self)
```

5.4 消息对话框

- “错误对话框”（5.4.1 节）
- “警告对话框”（5.4.2 节）
- “消息对话框的特征”（5.4.3 节）
- “指定的消息对话框”（5.4.4 节）

AFXMessageDialog 类通过加强某些对话框的特征来扩展 FXMessageDialog 类，如视窗栏和消息符号。这些特征使得 Abaqus/CAE 中的消息对话框一致并且易于使用。该部分描述了可以使用 Abaqus GUI 工具包来创建的消息对话框。

5.4.1　错误对话框

用户显示错误对话框，对应用不能解决的失败条件作出反应，如图 5-1 所示。

错误对话框具有的特征如下：
- 应用名显示在它们的标题栏中。
- 错误记号显示在对话框的左侧。
- 动作区域仅包含一个 Dismiss 按钮。
- 它们是模态窗体化的。

例如：

mainWindow = getAFXApp( ). getAFXMainWindow( )

showAFXErrorDialog(mainWindow , 'An invalid value was supplied. ')

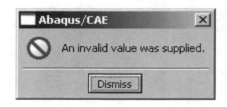

图 5-1　一个 showAFXErrorDialog 的错误对话框例子

5.4.2　警告对话框

警告对话框具有的特征如下：
- 应用名显示在它们的标题栏中。
- 警告记号显示在对话框的左侧。
- 动作区域可以包含 Yes、No 和 Cancel 按钮。
- 它们是模态窗体化的。

为了找出警告对话框中哪个按钮是用户按过的，必须给警告对话框传递一个目标和一个选择器，并且必须在表格中创建一个消息映射入口来控制此消息。在消息手柄中，可以使用 getPressedButtonID 方法来查询对话框。下面的例子显示了如何创建一个警告对话框，如图 5-2 所示。

必须以类的形式定义一个 ID：

```
from abaqusGui import *
class MyForm( AFXForm) :
    [
        ID_WARNING,
    ] = range( AFXForm. ID_LAST, AFXForm. ID_LAST + 1)
    def __init__( self, owner) :
        # Construct the base class.
        #
        AFXForm. __init__( self, owner)
        FXMAPFUNC( self, SEL_COMMAND, self. ID_WARNING,
            MyForm. onCmdWarning)
        ...
    def doCustomChecks( self) :
        if < someCondition > :
            showAFXWarningDialog( self. getCurrentDialog( ),
                'Save changes made in the dialog? ',
                AFXDialog. YES | AFXDialog. NO,
                self, self. ID_WARNING)
            return False
        return True
    def onCmdWarning( self, sender, sel, ptr) :
        if sender. getPressedButtonId( ) == \
            AFXDialog. ID_CLICKED_YES:
                self. issueCommands( )
        elif sender. getPressedButtonId( ) == \
            AFXDialog. ID_CLICKED_NO:
                self. deactivate( )
```

图 5-2　一个 showAFXWarningDialog 的警告对话的例子

这里有两种其他不同的警告对话框：

- showAFXDismissableWarningDialog。

- showAFXItemsWarningDialog。

通过 showAFXDismissableWarningDialog 创建的对话框包含一个检查按钮，允许用户指定应用过程是否应当在每一次发生警告时连续显示警告对话框。可以通过调用警告对话框的 getCheckButtonState 方法来检查按钮的状态。

通过 showAFXItemsWarningDialog 创建的对话框包含一个显示给用户的项目滚动列表。列表避免了当对话框显示一个长的项目列表时变得太高。

5.4.3　消息对话框的特征

使用一个消息对话框提供一个解释性的消息。消息对话框具有以下特征：
- 应用名子显示在它们的标题栏中。
- 消息记号显示在对话框的左侧。
- 动作区域只包含一个 Dismiss 按钮。
- 它们是模态窗体化的。

例如：

mainWindow = getAFXApp( ). getAFXMainWindow( )

showAFXInformationDialog(mainWindow,

    'This is an information dialog. ')

一个 showAFXInformationDialog 的消息对话框例子如图 5-3 所示。

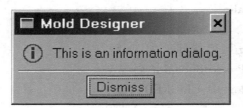

图 5-3　一个 showAFXInformationDialog 的消息对话框例子

5.4.4　指定的消息对话框

如果需要比标准消息对话框更多的灵活性，则必须从 AFXDialog 派生出一个新对话框，并且提供特定的句柄。更多的信息见 5.5 节。

5.5　自定义对话框

- "自定义对话框的概览"（5.5.1 节）
- "构造器"（5.5.2 节）
- "大小和位置"（5.5.3 节）
- "动作区域"（5.5.4 节）
- "自定义动作区域按钮名称"（5.5.5 节）
- "动作按钮处理"（5.5.6 节）

AFXDialog 在工具包中是其他对话框类的基础类。如果没有一种对话框类符合需要，则必须从 AFXDialog 派生出对话框，并且自己提供大部分的对话框过程。本节介绍如何使用 AFXDialog 来创建自定义的对话框。

5.5.1　自定义对话框的概览

AFXDialog 是工具包中其他对话框类的基础类。如果没有一种对话框类符合需要，则必须从 AFXDialog 派生出对话框，并且自己提供大部分的对话框过程。

AFXDialog 类通过提供下面的特征来扩展了 FXDialog 类：

● 允许动作区域按钮自动构建按钮标识。

● 控制动作区域布置的功能标识。功能标识也决定是否在动作区域和剩下的对话框之间包括一个分隔器。

● 不同动作区域提交语义的消息编号。

● 手动添加动作区域按钮的方法。

● No、Cancel 和 Dismiss 按钮的自动句柄。也为对话框标题栏右侧的 Close（X）按钮提供自动的句柄。

● 当对话框消失后，自动销毁它。

更多的详细情况见 5.5.4 节。

5.5.2　构造器

AFXDialog 构造器的原型有 3 种。3 种原型之间的不同是对话框的阻隔行为，如下面例子中所描述的那样：

● 下面的语句创建了一个当与主窗口重叠时，总是阻隔主窗口的对话框：

AFXDialog(title, actionButtonIds $=0$,

　　opts $=$ DIALOG_NORMAL, x $=0$, y $=0$, w $=0$, h $=0$)

● 下面的语句创建了一个当与窗口部件重叠时，总是阻隔它自己的窗口部件的对话框：

AFXDialog(owner, title, actionButtonIds $=0$,

　　opts $=$ DIALOG_NORMAL, x $=0$, y $=0$, w $=0$, h $=0$)

● 下面的语句创建了一个在应用中，可以被其他任何窗口阻隔的对话框：

AFXDialog(app, title, actionButtonIds $=0$,

　　opts $=$ DIALOG_NORMAL, x $=0$, y $=0$, w $=0$, h $=0$)

当构建一个对话框时，将通过从 AFXDialog 类派生来开始。在构建体中，应当做的第一件事情是调用基础类构造器来正确初始化对话框，然后通过添加窗口部件来建立对话框内容。例如：

```
class MyDB( AFXDialog) :
    #我的构造器
    def__init__( self) :
        #调用基础类构造器
        AFXDialog. __init__( self, 'My Dialog', self. DISMISS)
    #添加下一个窗口部件……
```

5.5.3　大小和位置

默认情况下，用户不能改变一个对话框的大小。如果一个对话框包含可以拖曳来显示更多输入的文本区域或者列表，则应当允许用户改变对话框的大小。可以通过在对话框构造器中指定 DÉCOR_RESIZE 标识符来允许改变大小。

注意，通过 AFXDialog 创建的对话框不支持最小化和最大化。如果在对话框构造器中包含最大化和最小化，则忽略这些标识符。

绝对不应该在对话框的构造器中指定它的大小和位置。Abaqus GUI 工具包将对话框放置在屏蔽上并确定它的正确尺寸。

5.5.4　动作区域

对话框的动作区域包含按钮，如 OK 和 Cancel。这些按钮允许用户从对话框提交值，关闭对话框，或者实施一些其他行动。

AFXDialog 通过在对话框构造器中使用位标识来支持动作区域和它的按钮的自动化创建。动作区域标识见表 5-1。

表 5-1　动作区域标识

按钮标识	消息编号	标　签	语　　法
AFXDialog. OK	AFXDialog. ID_CLICKED_OK	OK	在对话框中提交值，处理它们，然后隐藏对话框
AFXDialog. CONTINUE	AFXDialog. ID_CLICKED_CONTINUE	Continue…	在对话框中提交值，隐藏它，并且继续在其他对话框中或提示中收集用户输入
AFXDialog. APPLY	AFXDialog. ID_CLICKED_APPLY	Apply	与 OK 相同，除了对话框不隐藏
AFXDialog. DEFAULTS	AFXDialog. ID_CLICKED_DEFAULTS	Defaults	将对话框中的值重新设定到它们的默认值
AFXDialog. YES	AFXDialog. ID_CLICKED_YES	Yes	调用确认动作来响应通过对话框显示的问题
AFXDialog. NO	AFXDialog. ID_CLICKED_NO	No	调用否定动作来响应通过对话框显示的问题

（续）

按钮标识	消息编号	标 签	语 法
AFXDialog. CANCEL	AFXDialog. ID_CLICKED_CANCEL	Cancel	不提交对话框中的值，仅隐藏对话框。如果用户已经改变了上一次的提交值，则对于 AFXDataDialog 可能会显示一个紧急框
AFXDialog. DISMISS	AFXDialog. ID_CLICKED_DISMISS	Dismiss	隐藏对话框，不进行任何其他的动作

AFXDialog 也支持下面的选项来确定动作区域的位置：

DIALOG_ACTIONS_BOTTOM

该选项将动作区域放置在对话框的下部，并且是默认的选项。

DIALOG_ACTIONS_RIGHT

该选项将动作区域放置在对话框的右侧。

DIALOG_ACTIONS_NONE

该选项并不创建一个动作区域，如在工具箱对话框中。

可以通过在选项中包括的标识符来指定在动作区域和剩下的对话框之间是否放置分隔器：

DIALOG_ACTIONS_SEPARATOR

Abaqus/CAE 中的风格是如果在动作区域与剩下的对话框之间已经有了轮廓，则忽略分隔器。例如，一个沿着对话框底部，在该对话框整个宽带上横跨伸长的框。下面的语句说明了如何在一个对话框中使用分隔器来定义动作区域：

```
class ActionAreaDB(AFXDialog):
    def __init__(self):
        AFXDialog.__init__(self,'Action Area Example1',
            self. OK | self. APPLY | self. CANCEL,
            DIALOG_ACTIONS_SEPARATOR)
        FXLabel(self,'Standard action area example dialog.')
```

一个标准动作区域的例子如图 5-4 所示。

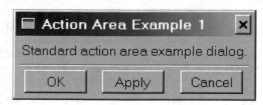

图 5-4　一个标准动作区域的例子

5.5.5　自定义动作区域按钮名称

表 5-1 中的标识符包含了在对话框中可能需要的所有语法。因此，就不需要任何额外的

自定义标识。为一个标准动作使用不同的标签,在构造器参数中不指定任何按钮标识。可以使用 appendActionButton 方法来添加自己的动作区域按钮。appendActionButton 方法具有以下两个原型:

appendActionButton(buttonId) appendActionButton(text,tgt,sel)

原型的第一个版本创建了表 5-1 中所定义的一个标准动作区域。原型的第二个版本创建了一个将标签作为文本参数给出的按钮。此外,第二个版本允许设置目标和选择器,这样可以从这个按钮来捕捉消息,并且进行相应的动作。下面的叙述显示了如何创建自定义的动作区域按钮:

```
class ActionAreaDB(AFXDialog):
    def __init__(self):
        AFXDialog. __init__(self,'Action Area Example 2',
        0,DIALOG_ACTIONS_SEPARATOR)
    FXLabel(self,'Custom action area example dialog. ')
    self. appendActionButton('Highlight',self,
        self. ID_CLICKED_APPLY)
    self. appendActionButton(self. CANCEL)
```

一个自定义动作区域的例子如图 5-5 所示。

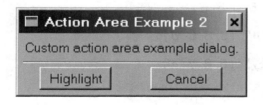

图 5-5   一个自定义动作区域的例子

5.5.6   动作按钮处理

当单击了动作区域中的按钮后,AFXDialog 和 AFXDataDialog 提供一些被发送消息的自动处理。如果需要进行一些不同于那些对话框所提供的动作,则必须捕获动作区域按钮发送的消息,并且编写自己的消息处理器。

如果想在用户对话框中单击"Apply"按钮时采取一个动作,则必须捕获(ID_CLICKED_APPLY|SET_COMMAND)消息,并且将它映射到对话框中的消息处理器中。更多的信息见 6.5.4 节。

5.6　数据对话框

- "数据对话框的概览"（5.6.1 节）
- "构造器"（5.6.2 节）
- "紧急机制"（5.6.3 节）
- "构造器内容"（5.6.4 节）
- "过渡"（5.6.5 节）
- "更新 GUI"（5.6.6 节）
- "动作区域"（5.6.7 节）

一个数据对话框是一个从用户处采集数据的对话框。相比而言，一个消息对话框仅显示一个消息，一个对话框只持有按钮。本节介绍如何创建一个对话框数据。

5.6.1　数据对话框的概览

　　数据对话框是从用户处采集数据的对话框。相比而言，消息对话框仅显示消息，工具包仅持有按钮。将 AFXDataDialog 设计成用来与一个模态窗体连接，从用户处收集数据，接着在一个命令中处理数据。如果需要发出一个命令，则应当使用 AFXDataDialog。如果对话框属于一个模块或者非持久性的工具包，则应当使用 AFXDataDialog，这样当用户转换模块时，GUI 基础构架可以正确地管理对话框。

　　AFXDataDialog 类派生自 AFXDialog，并且提供下面的附加特征：

- 紧急机制。
- 设计成与一个表一起工作的标准动作区域按钮行为。
- 关键字用法。
- 定义对话框中 GUI 状态改变的转换。

5.6.2　构造器

　　存在两种 AFXDataDialog 构造器的原型。两种原型中的区别是对话框的阻隔行为，如下面例子中所阐述的。

- 下面的描述创建了一个在与主窗口重叠时总是阻隔主窗口的对话框：

AFXDataDialog(mode, title, actionButtonIds = 0,
　　opts = DIALOG_NORMAL, x = 0, y = 0, w = 0, h = 0)

- 下面的描述创建了一个在与窗口部件重叠时总是阻隔它自己窗口部件（通常是一个对话框）的对话框。

AFXDataDialog(mode, owner, title, actionButtonIds = 0,
　　opts = DIALOG_NORMAL, x = 0, y = 0, w = 0, h = 0)

　　当构建一个对话框时，将从 AFXDataDialog 类派生开始。在构造器体内应当做的第一件事情是调用基础类构造器来正确地初始化对话框，然后通过添加窗口部件来建立自己的对话框内容。例如：

classMyDB(AFXDataDialog) :
　　#我的构造器
　　def__init__(self) :
　　　　#调用基础类构造器
　　　　AFXDataDialog. __init__(self, form, 'My Dialog',
　　　　　　self. OK | self. CANCEL)
　　　　#添加下一个窗口组件 …

　　当一个对话框不显示时，从屏幕上删除它。删除一个对话框，不仅删除与对话框有关的

GUI 资源，也删除对话框的数据结构。相比而言，在它不显示时，可以选择摧毁对话框。摧毁一个对话框，仅去除了 GUI 资源，保留了对话框的数据结构。

如果在显示不同的对话框期间，用户想保留一些对话框的 GUI 状态，则应当指定仅在它不显示时摧毁对话框。这样，当对话框再次显示时，它再次得到它的数据结构，并且老状态依然完好。例如，假定对话框包含一个表，并且用户重新定义了表中一列的大小。如果在它不显示时只摧毁了对话框，则该表的列大小将在对话框下一次显示时被记住。要指定对话框在不显示时应当被摧毁，需向对话框构造器的 opts 参数中添加 DIALOG_UNPOST_DESTROY 标识符。

5.6.3　紧急机制

AFXDataDialog 支持通过指定对话框构造器中的一个位标识来进行自动紧急处理，如图 5-6 所示。如果要求紧急过程，用户改变了对话框中的一些值并且单击"Cancel"按钮，则应用显示一个标准的警告对话框。下面的描述要求紧急过程：

AFXDataDialog. __init__ (self , form , 'Create Part' ,

    self. OK | self. CANCEL ,

    DIALOG_ACTIONS_SEPARATOR | DATADIALOG_BAILOUT)

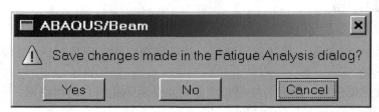

图 5-6　紧急处理的一个例子

在标准警告对话框显示后：

● 如果用户在标准警告对话框中单击"Yes"按钮，则将数据对话框处理成好像用户已经在之前单击了"OK"按钮一样。

● 如果用户在标准警告对话框中单击"No"按钮，则数据对话框将不显示，并且不进行任何过程。

● 如果用户在标准警告对话框中单击"Cancel"按钮，则数据对话框将保持显示，并且不采取任何行动。

5.6.4　构造器内容

使用对话框的构造器来创建将在对话框中显示的窗口部件。为保持 GUI 跟上最新的应用状态，应使用关键字作为窗口部件的目标。将关键字定义成表格的成员，并且将表格作为对话框构造器参数传递到对话框。下面的脚本显示了如何使用关键字来构建一个对话框。

图 5-7 显示了通过示例脚本生成的 Graphics Options 对话框。

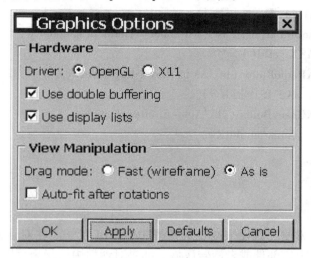

图 5-7　生成的 Graphics Options 对话框

```
class GraphicsOptionsDB( AFXDataDialog) :
    # ~ ~ ~ ~ ~ ~ ~ ~ ~ ~ ~ ~ ~ ~ ~ ~ ~ ~ ~ ~ ~ ~ ~ ~ ~ ~ ~ ~ ~ ~ ~ ~ ~ ~
    def__init__( self,form) :
        AFXDataDialog. __init__( self,form,'Graphics Options',
            self. OK | self. APPLY | self. DEFAULTS | self. CANCEL)
        # Hardware frame
        #
        gb = FXGroupBox( self,'Hardware',
            FRAME_GROOVE | LAYOUT_FILL_X)
        hardwareFrame = FXHorizontalFrame( gb,
            0,0,0,0,0,0,0,0,0)
        FXLabel( hardwareFrame,'Driver:')
        FXRadioButton( hardwareFrame,'OpenGL',
            form. graphicsDriverKw,OPEN_GL. getId( ))
        FXRadioButton( hardwareFrame,'X11',
            form. graphicsDriverKw,X11. getId( ))
        FXCheckButton( gb,'Use double buffering',
            form. doubleBufferingKw)
        displayListBtn = FXCheckButton( gb,'Use display lists',
            form. displayListsKw)
        # View Manipulation frame
        #
        gb = FXGroupBox( self,'View Manipulation',
            FRAME_GROOVE | LAYOUT_FILL_X)
```

hf = FXHorizontalFrame(gb,0,0,0,0,0,0,0,0,0)

FXLabel(hf,'Drag mode:')

FXRadioButton(hf,'Fast (wireframe)',form. dragModeKw,
  FAST. getId( ))

FXRadioButton(hf,'As is',form. dragModeKw,
  AS_IS. getId( ))

FXCheckButton(gb,'Auto- fit after rotations',
  form. autoFitKw)

5.6.5 过渡

过渡提供了一个方便的途径来改变对话框中的 GUI 状态。在对话框中的其他控制启用时，使用过渡来点画窗口部件或者旋转区域。如果对话框中的行为可以采用简单的过渡来进行描述，则可以使用 addTransition 方法来产生状态改变。

过渡将关键字的值与指定的值进行比较。如果满足操作条件，则发送一个消息到指定的目标对象。过渡具有下面的原型：

addTransition (keyword,

operator, value, tgt, sel, ptr)

例如，在 Part Display Option 对话框中，当用户选择 Wireframe 作为渲染样式时，Abaqus/CAE 作如下运作：

• 单击 Show dotted lines in hidden render style 按钮。

• 单击 Show edges in shaded render style 按钮。

• 检查 Show silhouette edges 按钮。

这些过渡可以描述如下：

• 如果渲染样式关键字的值等于 WIREFRAME，则给 Show dotted line 按钮发送一个 ID_DISABLE 消息。

• 如果渲染样式关键字的值等于 WIREFRAME，则给 Show edges in shaded 按钮发送一个 ID_DISABLE 消息。

• 如果渲染样式关键字的值等于 WIREFRAME，则给 Show silhouette edges 按钮发送一个 ID_ENABLE 消息。

可以使用 Abaqus GUI 工具包来写这些过渡：

self. addTransition(form. renderStyleKw,AFXTransition. EQ,

  WIREFRAME. getId( ),showDottedBtn,

  MKUINT(FXWindow. ID_DISABLE,SEL_COMMAND),None)

self. addTransition(form. renderStyleKw,AFXTransition. EQ,

  WIREFRAME. getId( ),showEdgesBtn,

  MKUINT(FXWindow. ID_DISABLE,SEL_COMMAND),None)

self. addTransition(form. renderStyleKw,AFXTransition. EQ,

WIREFRAME. getId( ) , showSilhouetteBtn ,

MKUINT(FXWindow. ID_ENABLE , SEL_COMMAND) , None)

也可以使用 addTransition 方法的最后一个参数来传递额外的用户数据给对象。图 5-8 显示了一个使用过渡来控制应用如何点画窗口部件的例子。

5.6.6　更新 GUI

如果对话框的 GUI 行为不能采用简单过渡的形式来描述（如需要以两个其他按钮的设定为基础来点画一个按钮），则可以使用 processUpdates 方法来更新 GUI。在每一个 GUI 更新周期中都调用 processUpdates 方法，这样在该方法中，不需要做任何费时的事情。通常，应当实施启用和禁用任务，或者显示或者隐藏窗口部件那样的任务。例如：

```
def processUpdates( self) :
    if self. form. kw1. getValue( )  = = 1 and \
        self. form. kw2. getValue( )  = = 2 :
            self. btn1. disable( )
    else :
        self. btn1. enable( )
```

运行效果如图 5-8 所示。

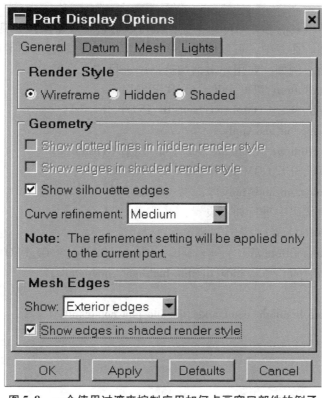

图 5-8　一个使用过渡来控制应用如何点画窗口部件的例子

125

如果需要实施的任务是耗时的，则应当撰写自己的消息处理器。该消息处理器仅在一些特定的用户行为上调用。如果需要为有效数据来扫描 ODB，则可以制作对话的提交按钮来给对话框发送消息。该消息将调用消息处理器来实施扫描。这样，仅当用户提交了对话时才发生扫描，而不是在每一个 GUI 更新周期中进行。更多的有关消息处理器的信息见 6.5.4 节。

5.6.7　动作区域

AFXDataDialog 类为所有的可以在动作区域显示的按钮提供标准的处理。表 5-2 显示了当单击每一个按钮时，应用所采取的行动。

表 5-2　动作区域按钮

按　　钮	行　　动
OK	给表发送一个消息（ID_COMMIT，SEL_COMMAND）和它的按钮 ID
Apply	给表发送一个消息（ID_COMMIT，SEL_COMMAND）和它的按钮 ID
Continue	给表发送一个消息（ID_GET_NEXT，SEL_COMMAND）
Defaults	给表发送一个消息（ID_SET_DEFAULTS，SEL_COMMAND）
Cancel	检查紧急状态，给表发送一个消息（ID_DEACTIVATE，SEL_COMMAND）
标题栏中的"×"	实施 Cancel 按钮行为

如果用户的对话框具有多个 Apply 按钮，则可以通过在表中从按钮到应用消息处理器的路径来进行信息处理。在表中，可以使用 getPressedButtonID 方法来确定单击了哪一个按钮，并且采取适当的行动。例如，在用户对话构造器中进行如下设置：

self. appendActionButton（'Plot',self,self. ID_PLOT）

FXMAPFUNC（self,SEL_COMMAND,self. ID_PLOT,

　　AFXDataDialog. onCmdApply

self. appendActionButton（'Highlight',self,self. ID_HIGHLIGHT）

FXMAPFUNC（self,SEL_COMMAND,self. ID_HIGHLIGHT,

　　AFXDataDialog. onCmdApply）

并且在用户的表代码中进行如下设置：

def doCustomChecks（self）:

　　if self. getPressedButtonId（）＝＝ self. getCurrentDialog（）. ID_PLOT:

　　　　# Enable plot commands,disable highlight commands

　　else:

　　　　# Enable highlight commands,disable plot commands

　　return True

5.7　常用对话框

- "文件/目录选择器"（5.7.1 节）
- "打印对话框"（5.7.2 节）
- "颜色选择对话框"（5.7.3 节）

Abaqus GUI 工具包提供一些为处理常用操作的预制对话框。

5.7.1　文件/目录选择器

使用文件选择器（File Selector）对话框从用户那里收集文件或者目录名字。它具有以下特征：

- 可以设置标题栏。
- 可以设置文件过滤器。
- 提供下面的错误检查：检查文件是否存在、检查正确的许可、检查所选择的是否是一个文件。
- 允许只读获取。
- 接受关键字和一个目标。

文件选择对话框具有下面的原型：

AFXFileSelectorDialog(form, title, fileNameKw,
　　　readOnlyKw, opts, patterns, patternIndexTgt)

AFXFileSelectorDialog(parent, title, fileNameKw,
　　　readOnlyKw, opts, patterns, patternIndexTgt)

当有一个与发出命令的对话框相关联的表时，使用第一个构造器。例如，当单击"File"→"Open Database"时，显示出的对话框。当对话框从用户那里收集用于其他对话框的输入时，使用第二个构造器。例如，当从 Print 对话框打印一个文件时，给用户提示一个输入文件名的文本区域（输入文件名）和一个 Select 按钮。Select 按钮显示一个文件选择对话框，并且返回所选的文件到 Print 对话框，但是不产生任何命令。

必须使用 AFXStringKeyword 方法来创建 fileNameKw 参数。相似地，必须使用 AFXBoolKeyword 方法创建 readOnlyKw 参数。如果用户单击"OK"按钮，则文件选择对话框自动地更新 fileNameKw 和 readOnlyKw 参数。此外，当显示了对话框时，它将基于 fileNameKw 参数的路径来设定当前的目录。这意味着当应用再次显示对话框时，对话框记得上次用户所访问的目录。

OPS 参数可以使用下面的标识：

AFXSELECTFILE_EXISTING

　　仅允许选取现有的文件。

AFXSELECTFILE_MULTIPLE

　　仅允许选取多个现有的文件。

AFXSELECTFILE_DIRECTORY

　　仅允许选取一个现有的目录。

AFXSELECTFILE_REMOTE_HOST

　　允许在远程主机上打开文件。

将 patterns 参数指定成一系列通过 \n 分开的形态。通过 patternIndexTgt 参数指定的目标值确定了当对话框显示时，最初显现哪一个形态。

以下是一个文件选择对话框如何从一个表格得到显示的例子：

```
def getFirstDialog( self) :
    patterns = 'Output Database ( * . odb) \nAll Files ( * . * )'
    db = AFXFileSelectorDialog( self, 'Open ODB',
        self. nameKw, self. readOnlyKw, AFXSELECTFILE_EXISTING,
        patterns, self. patternIndexTgt)
    db. setReadOnlyPatterns(' * . odb')
    self. setModal( True)
    return db
```

以下是目录选择对话框如何从其他对话框中显示的一个例子：

```
def onCmdDirectory( self, sender, sel, ptr) :
    if not self. dirDb:
        self. dirDb = AFXFileSelectorDialog( self,
            'Select a Directory', self. form. dirNameKw,
            None, AFXSELECTFILE_DIRECTORY)
        self. dirDb. create( )
    self. dirDb. showModal( )
    return 1
```

5.7.2　打印对话框

打印（Print）对话框提供标准的打印功能。为了从对话框中的一个按钮显示 Print 对话框，首先通过使用 FileToolsetGui 类的 getPrintForm 方法来获取打印表格模式。这可以通过存储一个指向表格的指针来完成：

```
from sessionGui
import FileToolsetGui
class MyMainWindow( AFXMainWindow) :
    # ~ ~ ~ ~ ~ ~ ~ ~ ~ ~ ~ ~ ~ ~ ~ ~ ~ ~ ~ ~ ~ ~ ~ ~ ~ ~ ~ ~ ~ ~ ~ ~ ~ ~ ~ def__init__
    ( self, app, windowTitle = '') :
        . . .
        fileToolset = FileToolsetGui( )
        self. printForm = fileToolset. getPrintForm( )
        self. registerToolset( fileToolset,
            GUI_IN_MENUBAR | GUI_IN_TOOLBAR)
        . . .
```

然后在对话框类中使用打印表：

```
printForm = getAFXApp( ). getAFXMainWindow( ). printForm
```

FXButton(parent , 'Print. . . ' , None , printForm ,
AFXMode. ID_ACTIVATE)

为了获取打印表，必须构建并且注册文件工具包。不能在插件内部获取打印表。因而，在自定义的应用中只能使用这里描述的方法。

5.7.3 颜色选择对话框

AFXColorSelector 窗口部件提供了从一个预定义的颜色调色板中选择颜色的能力。该对话框通过 AFXColorButton 来发布显示。更多的信息见 3. 1. 10 节。

第 4 篇

发 出 命 令

本篇介绍对话框如何给 Abaqus/CAE 内核发出命令。本篇
包含：

- 6　命令
- 7　模式

该部分介绍了 Abaqus GUI 工具包中命令的角色。该部分包括的内容如下：

- "命令的概览"（6.1 节）
- "内核和 GUI 进程"（6.2 节）
- "执行命令"（6.3 节）
- "内核命令"（6.4 节）
- "GUI 命令"（6.5 节）
- "AFXTargets"（6.6 节）
- "从 GUI 访问内核数据"（6.7 节）
- "获取内核数据变化的通知"（6.8 节）

6.1 命令的概览

在 Abaqus/CAE 中存在以下两种类型的命令：内核命令和 GUI 命令。

内核命令

内核命令是用来建立、分析和后处理有限元模型的。内核命令归档在 Abaqus 脚本参考手册中。

GUI 命令

GUI 命令由用户界面使用，从用户收集输入并且构建一个发送给内核执行的内核命令字符串。GUI 命令归档在《Abaqus GUI 工具包参考手册》中。

6.2　内核和 GUI 进程

Abaqus/CAE 在以下两个进程中执行：内核进程和 GUI 进程。

内核进程

内核进程拥有 Abaqus/CAE 用来实施模拟操作的所有数据和方法，如创建零件和网格划分装配件。内核进程可以独立于 GUI 进程来运行。

GUI 进程

对于用户向 Abaqus/CAE 中指定输入，GUI 是一个方便的途径。内核命令字符串通过界面——进程通信（IPC）协议从 GUI 进程发送到内核进程。内核进程描述并且执行内核命令字符串。如果内核命令抛出一个异常，则异常被传送回 GUI 进程，在 GUI 进程中，应当捕获它并且进行正确的处理，通常是显示一个错误对话框。

Abaqus/CAE 使用 IPC 协议来实现内核和 GUI 进程之间的通信。例如，GUI 常常需要通过内核查询一个现有零件的名称列表，或者一个需要从对话框编辑的具体载荷值。类似地，当某些内核值改变时，可能需要告知 GUI，这样 GUI 可以更新其自身。例如，在 Job Monitor 对话框中显示新的工作消息。

Abaqus/CAE 使用在 Abaqus GUI 工具包中建立的目标和消息及 GUI 更新进程，来实现在 GUI 进程中通信。例如，当前的视角变化了时，或者用户单击了特别的按钮，一些对话框中的窗口部件可能需要灰显时，则可能需要更新一个功能对话框。

图 6-1 说明了当用户单击一个按钮并在显示的对话框中输入值时，内核和 GUI 进程之间的通信。

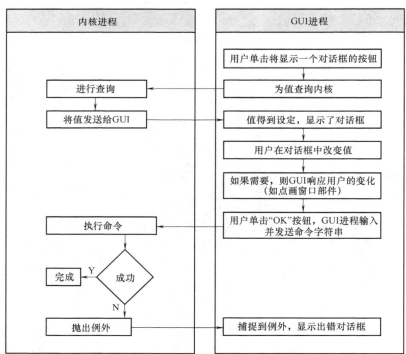

图 6-1　内核和 GUI 进程之间的通信

6.3　执行命令

所有命令最终在内核进程中执行，这些命令可以采用以下几种途径来完成：

- 通过在命令行使用—star 或者—replay 功能来从一个文件执行内核命令。
- 通过单击"File"→"Run Script"命令来从一个文件执行内核命令。
- 在 Abaqus/CAE CLI 中输入内核命令。
- GUI 模式基础构造可以将命令字符串从 GUI 发送到内核进程来执行（详细情况见 7.2.4 节）。
- 用户可以使用 sendCommand 功能从 GUI 直接发出一个内核命令。

sendCommand 功能采用以下 3 个参数。

- 要求的字符串参数，用来指定在内核中运行的命令。
- 两个可选的布尔参数 writeToReplay 和 writeToJournal。

可选的布尔参数控制 sendCommand 功能是否向再现（replay）或日志（journal）文件写入命令。默认情况下，sendCommand 功能向再现文件写入命令，而不是向日志文件写入命令。如果命令对模型进行了任何的修改，则用户应当同时在再现和日志文件中记录命令。如果命令只改变会话数据（如视口的视图），则应当在再现文件中记录该命令，按照惯例，用户应当能够通过再现它的再现文件，再造一个交互式会话的结果。对于应用中断事件中的数据恢复，只有写入到日志文件的命令才是可以使用的。

Abaqus 脚本界面命令自动地记录其自身的日志。如果使用 sendCommand 功能来发出一个 Abaqus 脚本界面命令，则不应当设置 writeToJournal = True，否则命令将在日志文件中被记录两次。更多的信息见《Abaqus/CAE 用户手册》的 9.5 节。

如果用户撰写了自己的内核脚本模块和功能，则应当意识到可以使用 journalMethodCall 功能在日志文件中记录一个命令。此选项优先使用 sendCommand 功能中的 writeToJournal 参数。如果命令使用内建的 Abaqus 脚本界面命令改变了 Mdb 目标，则不应当调用 journalMethodCall，因为这些命令是默认日志记录的。一个改变了 Mdb 的自定义数据（customData）的命令，应当调用 journalMethodCall。对于说明 journalMethodCall 功能的一个常见使用的例子见《Abaqus 脚本参考手册》的 53.11.1 节。

通常，应当将 sendCommand 功能封装进一个试用块，来捕捉任何内核命令可能抛出的意外。为了捕获意外，它们应当是基于类的意外，而不是简单的字符串。例如：

```
from abaqusGui import sendCommand
try：
    sendCommand("mdb. customData. myCommand('Cmd-1',50,200)"
exceptValueError,x：
    print 'an exception was raised：ValueError：% s' % (x)
except：
    exc_type,exc_value = sys. exc_info()[ :2]
    print 'error. % s. % s'%( exc_type. __name__,exc_value)
```

6.4　内核命令

一个内核命令由下面的部分组成：

object + method + arguments（关键字）

命令并不总是具有一个对象，或甚至没有参数，但是它们将总是具有一个方法。例如：

session. viewports['Viewport：1']. setValues(width = 50, height = 100)

|-----------object------------| method |----arguments----|

mdb. models[Model-1']. PointSection(name = 'Section-3', mass = 1. 0)

|-----object------|--method--|-------arguments--------|

session. viewports['Viewport：1']. bringToFront( )

|----------object------------|--method--|

LeafFromElementSets(elementSets = 'PART-1-1. E1')

|-----method-----|-------arguments-------|

6.5 GUI 命令

- "构建 GUI 命令"（6.5.1 节）

- "GUI 命令和当前对象"（6.5.2 节）

- "保持 GUI 和命令最新"（6.5.3 节）

- "目标和消息"（6.5.4 节）

- "自动的 GUI 更新"（6.5.5 节）

- "数据目标"（6.5.6 节）

- "选项和值模式"（6.5.7 节）

- "AFXKeywords"（6.5.8 节）

- "表达式"（6.5.9 节）

- "将关键字与窗口部件连接"（6.5.10 节）

- "布尔、整型、浮点和字符串关键字例子"（6.5.11 节）

- "符号常量关键字例子"（6.5.12 节）

- "元组关键字的例子"（6.5.13 节）

- "表关键字例子"（6.5.14 节）

- "对象关键字例子"（6.5.15 节）

- "默认对象"（6.5.16 节）

GUI 命令与模式一起工作。模式执行命令过程并且发送命令到内核。该部分介绍如何构建及使用 GUI 命令。

6.5.1　构建 GUI 命令

使用 AFXGuiCommand 类来构建一个 GUI 命令。AFXGuiCommand 类采用下面的参数：

模式（mode）

模式通过 GUI 中的一个控制来启用，通常是菜单按钮。一旦启用一个模式，它就负责收集用户输入、处理输入、发送命令、执行与模式或者它发送的命令相关联的任何错误处理。Abaqus GUI 工具包提供以下两个模式：

表模式

表模式提供对话框的一个接口。表模式使用一个或者多个对话框从用户那里收集输入。

过程模式

由应用的提示区域中的输入提示，通过一系列的步，过程模式提供一个引导用户的界面。

方法（method）

指定内核命令的方法的字符串。

objectName

指定内核命令的对象的字符串。

registerQuery

指定是否在对象上注册一个查询的布尔。
下面的语句创建了一个命令来编辑图片选项：
cmd = AFXGuiCommand(self, 'setValues',
　　'session. graphicsOptions', True)
如果在一个模式中具有多个 GUI 命令，则命令将以它们在模式中创建的相同顺序来实施。创建 GUI 命令的更多例子见 7.3.1 节和 7.4.1 节。

6.5.2　GUI 命令和当前对象

Abaqus/CAE 中的大部分命令对当前的对象进行操作，如当前的视口或者当前的零件。当解释 GUI 命令中指定的对象时，模式便捷地认出特殊的语法。如果在特定的库后面的方括号之间放置%s，则模式将%s 替换成当前的名字。用户应当总是使用%s 句法，而不是硬编码一个名称，这样在命令中将总是使用当前名称。

当前对象及对应的模式解释见表6-1。

表 6-1　当前对象及对应的模式解释

对 象 指 定	模 式 解 释
mdb. models〔%s〕	当前模型
mdb. models〔%s〕. parts〔%s〕	当前零件
mdb. models〔%s〕. sketches〔%s〕	当前草图
session. odbs〔%s〕	当前输出数据库
session. viewports〔%s〕	当前视口

6.5.3　保持 GUI 和命令最新

如果一个命令编辑一个对象，则应当通过在 GUI 命令构造器中为 resigterQuery 参数指定 True 来要求在那个对象上注册一个查询。当模式被启动并且在内核值改变时，注册一个查询将导致与 AFXGuiCommand 相关联的关键字随着内核值而更新。例如：

cmd = AFXGuiCommand(

mode , 'PointSection' , 'mdb. models〔%s〕' , True)

此外，模式将 session. viewports〔%s〕识别成一个特殊的库。模式自动地在此会话上注册一个查询，这样如果用户转换了当前的视角，则命令将保持更新。下面的例子描述了特别的库：

cmd = AFXGuiCommand(

mode , 'setValues' , 'session. viewports〔%s〕' , True)

cmd = AFXGuiCommand(

mode , 'bringToFront' , 'session. viewports〔%s〕' , True)

6.5.4　目标和消息

Abaqus GUI 工具包采用一个目标/消息系统来实现在 GUI 进程中的通信。例如，目标/

消息系统相比之 Motif 的回调机制。所有的窗口部件可以发送消息并且从任何其他窗口部件接收消息。一个消息由以下两个组件组成：

- 一个消息类型（type）。
- 一个消息身份（ID）。

消息类型描述发生什么类型的事件，如单击按钮。消息 ID 识别消息的发送者。

Abaqus GUI 工具包的大部分窗口部件采用指定它们的目标和它们的 ID 的参数。即使一个窗口部件没有采用一个目标和 ID 作为参数，也可以使用 setTarget 和 setSelector 方法来设置这些属性。例如：

FXButton(parent, 'Label', tgt = self, sel = self. ID_1)

groupBox = FXGroupBox(parent)

groupBox. setTarget(self)

groupBox. setSelector(self. ID_2)

窗口部件能发送几种形式的消息。两种最常用的消息类型是 SEL_COMMAND 和 SEL_UPDATE。SEL_COMMAND 类型消息通常说明窗口部件是"已发的"，如用户单击了一个按钮。当一个窗口部件要求它的目标更新它的状态时，就发送了 SEL_UPDATE 消息。更多的信息见 6.5.5 节。

使用目标类中定义的映射来将一个消息路由到消息处理器。当收到目标类型和 ID 的消息时，通过指定调用哪一个方法来在映射中添加一个入口，如图 6-2 所示。

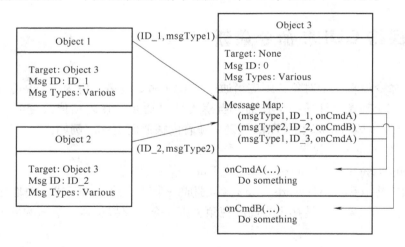

图 6-2　目标和消息

消息映射是通过使用 FXMAPFUNC 功能来定义的。此宏具有以下 4 个参数：自身（self）、消息类型（message type）、消息身份（message ID）和消息名（method name）。方法名必须通过类名认证：className. methodName。当收到的信息的类型和身份与在 FXMAP-FUNC 入口中定义的类型和身份相匹配时，将调用相应的方法。如果想要在消息映射中定义大范围的 ID，则可以使用 FXMAPFUNCS 功能，它具有一个额外的参数：自身（self）、消息类型（message type）、开始消息身份（start message ID）、结束消息身份（end message ID）和消息名（method name）。

对象使用消息处理器对消息做出反应。所有的消息处理器具有相同的原型,包含下面的内容:

- 消息的发送者。
- 消息选择器。
- 一些"用户数据"。

可以使用 SELTYPE 和 SELID 功能从选择器抽取消息的类型和 ID。

下面的代码显示了消息映射、消息 ID 和消息处理器如何一起工作:

```
class MyClass( BaseClass) :
    [
        ID_1,
        ID_2,
        ID_LAST
    ] = range( BaseClass. ID_LAST, BaseClass. ID_LAST + 3)
    def __init__( self) :
        BaseClass. __init__( self)
        FXMAPFUNC( self, SEL_COMMAND, self. ID_1,
            MyClass. onCmdPrintMsg)
        FXMAPFUNC( self, SEL_COMMAND, self. ID_2,
            MyClass. onCmdPrintMsg)
        FXButton( self, 'Button 1', None, self, self. ID_1)
        FXButton( self, 'Button 2', None, self, self. ID_2)
    def onCmdPrintMsg( self, sender, sel, ptr) :
        if SELID( sel) == self. ID_1 :
            print 'Button 1 was pressed. '
        elif SELID( sel) == self. ID_2 :
            print 'Button 2 was pressed. '
        return 1
```

上面的例子在开始时生成一个在派生类中使用的 ID 列表。因为一个窗口部件具有一个特定的目标,窗口部件的 ID 未必全局唯一,只有在目标类和基础类中才需要唯一。为了自动处理此编号,约定是在每一个类中定义 ID_LAST。一个派生类应该使用它的基础类中定义的 ID_LAST 值来起始它的编号。此外,派生类应当定义它自己的 ID_LAST 作为派生类中最后的 ID。一个从派生类派生出来的类将可以利用 ID 来开始它的编号。任何窗口部件不能使用 ID_LAST。ID_LAST 的唯一目的是在类之间提供一个自动的编号。

上例通过使用 FXMAPFUNC 功能添加项目来构建一个消息而继续。在该例子中,当收到类型 SEL_COMMAND 的消息和一个 ID_1 或者 ID_2 的 ID 时,脚本调用 onCmdPrintMsg 方法。

两个按钮窗口部件将它们的目标设置成自身(MyClass)。当每一个窗口部件发送一个消息时,窗口部件发送一个不同的消息 ID,并且消息处理器检查 ID 来确定谁发送了消息。如果用户单击了第一个按钮,则按钮发送了一个(ID_1, SEL_COMMAND)消息给 MyClass。

类的消息映射路由哪个消息到 onCmdPrintMsg 方法。onCmdPrintMsg 方法检查正传入消息的 ID 并且打印 Button 1 was pressed。

消息处理器返回正确的值来确认 GUI 保持最新是重要的。在消息处理器中返回一个 1 告诉工具包已经处理过消息了。反过来，如果处理了一个消息，则工具包默认一些要求最新的事情已经发生了变化，进而工具包发起一个 GUI 更新进程。在消息处理器中返回一个 0 告诉工具包此消息还没进行处理，这样工具包并不发起一个 GUI 更新进程。

作为 GUI 中的一些交互的结果，消息通常是通过 GUI 基础构件发送的。可以通过调用它的 handle 方法向一个对象直接发送一个消息。Handle 方法具有以下 3 个参数：sender、selector 和 userData。发送器通常是发送消息的对象。选择器由消息 ID 和消息类型组成。可以使用 MKUINT 功能来创建一个选择器，如 MKUINT（ID_1，SEL_COMMAND）。用户数据必须是 None，因为在 Abaqus GUI 工具包中不支持此特征。

6.5.5　自动的 GUI 更新

当没有更多要控制的事件时，通过 Abaqus GUI 工具包自动地初始 GUI 更新，通常 GUI 处于闲置状态并且等待一些用户的互动。在自动的 GUI 更新进程中，每一个窗口控件发送一个 SEL_UPDATE 消息来要求目标的最新状态。通过该方法，GUI 不断地询问应用状态来保持自身最新。

例如，在自动的 GUI 更新中，一个检查按钮发送一个更新消息到它的目标。目标检查某些应用状态并且确定是否应当对检查按钮进行检查。如果应当检查按钮，则目标发送回一个 ID_CHECK 消息，否则它发送一个 ID_UNCHECK 消息。

工具包中的窗口部件是双向的，即它们可以是一个推（push）状态或者一个拉（pull）状态。

推状态

在一个推状态中，窗口部件收集并且发送用户输入到应用。当一个窗口部件是在推状态中时，它并不参与自动的 GUI 更新进程。因为窗口部件没有参与自动的 GUI 更新进程，所以用户可以对输入进行控制，而不是 GUI 试图去更新窗口部件。

拉状态

在一个拉状态中，窗口部件询问应用来保持最新。

6.5.6　数据目标

在一个典型的 GUI 应用中，用户将试图执行以下操作：

1）在对话框中初始值。

2）显示对话框来允许用户实施变化。

3）从对话框中收集编号。

此外，当对话框显示时，如果某些应用状态得到更新，则用户可能想让对话框更新它的状态。将数据对象设计成 GUI 编程人员能够容易地进行这些任务。

一个数据目标像双向中介那样在一些应用状态和 GUI 窗口部件之间运行。可以将多个窗口部件连接到数据目标，但是一个数据目标仅作用于一个应用状态。当用户使用 GUI 来改变一个值时，由数据目标监控的应用状态是自动得到更新的。反之，当应用状态得到更新时，连接到数据目标的窗口控件得到自动的更新。

如 6.5.5 节中所描述的那样，窗口部件可以是在一个推状态或者在一个拉状态。

推状态

在推状态中，窗口部件收集并发送用户输入到应用。图 6-3 描述了一个数据对象如何与一个窗口部件工作，窗口部件在推状态中。顺序如下：

1）用户在文本区域中输入"7"并按 < Enter > 键。

2）此引发文本区域窗口部件发送一个（ID，SEL_COMMAND）消息到它的目标——数据目标。

3）数据目标通过给发送者（文本区域域窗口部件）发送一个消息来进行响应，该消息要求文本区域中的值来响应。数据目标使用该值来更新它的数据值。

图6-3　在推状态中，一个使用文本区域窗口部件的数据目标

拉状态

在一个推状态中，窗口部件询问应用来保持最新。图 6-4 说明了在拉状态中，一个数据对象是如何与一个窗口部件一起工作的。顺序如下：

1）当 GUI 闲置时，它初始一个 GUI 更新。

2）GUI 更新触发每个窗口部件来发送一个（ID，SEL_UPDATE）消息到它的目标。

图6-4　在一个拉状态中，使用文本区域窗口部件的数据目标

3）在这种情况中，数据目标通过给发送者（文本区域窗口部件）发送一个消息来响应，该消息告诉发送者设定它的值为数据目标的数据值。

6.5.7　选项和值模式

一个数据目标采用以下两种模式之一工作：值或者选项。当对某些数据的实际值感兴趣时，可以使用值模式。当从许多项目中选择一个，并且值并非特别重要时，可以使用选项模式。

当用户单击一个按钮时，按钮发送一个（ID，SEL_COMMAND）消息给它的目标。反之，目标以通过给发送者发送一个消息，要求它将数据目标的值更新成发送者的消息 ID 值的方式，做出反应。

在 GUI 更新中，数据目标发回一个检查或者非检查消息给发送者，取决于发送者的 ID 是否与数据目标的值相匹配。

例如，图 6-5 说明了在拉状态中，使用 3 个单选按钮的选项模式中的数据目标操作。设想通过数据目标来监控的数据值是 13，并且单选按钮的消息 ID 分别是 2、13 和 58。顺序如下：

1）在 GUI 更新中，第一个单选按钮发送一个（2，SEL_UPDATE）消息给数据目标。

2）数据目标将消息 ID（2）与它的数据值（13）进行比较，并且发回一个未检查的消息给单选按钮，因为值并不匹配。

3）接着，第二个单选按钮发送一个（13，SEL_UPDATE）消息给数据目标。

4）数据目标比较这些值，并且发回一个检查消息给单选按钮，因为值是匹配的。

5）相似地，第三个按钮从数据目标接收到一个未检查的消息，因为消息 ID 的值和它的数据是不匹配的。

通过这种方式，Abaqus GUI 工具包自动地维持单选按钮（一次将只有一个按钮得到检查）。

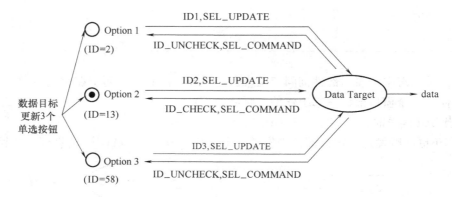

图 6-5　在选项模式和拉状态中，对 3 个单选按钮进行操作的数据目标

6. 5. 8　AFXKeywords

关键字生成一个 GUI 命令的参数。这些关键字属于命令，但是关键字也作为模式的一份子进行存储。用户可以容易地在更新关键字值的对话框中将关键字与窗口部件进行连接。

AFXKeyword 是工具包中关键字的基础类。AFXKeyword 类派生自一个数据目标，这样它自动保持 GUI 和应用数据彼此同步。更多的信息见 6.5.6 节。

AFXKeyword 类通过支持额外的值来扩展 FXDataTarget 类的功能，如关键字的名字、默认值和一个先前的值。关键字的 GUI 命令使用此信息来构建一个内核命令字符串。

可以指派一个关键字作为选项或者要求。一个要求的关键字总是由 GUI 命令来发出的。一个选项关键字的值自上一次提交的命令以来并没有改变，该关键字并不是由 GUI 命令来发出的。如果自上一次发出的命令以来没有关键字发生改变，则当提交模式时将不会发出 GUI 命令。

AFXKeyword 类支持下面类型的关键字：

AFXIntKeyword(cmd,name,isRequired,defaultValue)

AFXFloatKeyword(cmd,name,isRequired,defaultValue)

AFXStringKeyword(cmd,name,isRequired,defaultValue)

AFXBoolKeyword(cmd,name,booleanType,isRequired,
　　defaultValue)

AFXSymConstKeyword(cmd,name,isRequired,defaultValue)

AFXTupleKeyword(cmd,name,isRequired,minLength,
　　maxLength,opts)

AFXTableKeyword(cmd,name,isRequired,minLength,
　　maxLength,opts)

AFXObjectKeyword(cmd,name,isRequired,defaultValue)

由每一个关键字的构造器名称来说明它支持的数据类型，除了 AFXObjectKeyword。对象关键字支持将一个变量名指定成关键字的值。

所有关键字的原型是类似的。关键字的两个初始参数如下：

● GUI 命令对象。

● 一个指定关键字名称的字符串。

所有的关键字也支持参数来确定是否要求关键字，或者关键字是否可选。如果要求一个关键字，则它将总是与命令一起发送。如果一个关键字是可选的，则仅在它的值改变时发送。如果关键字与一个隐藏的窗口部件连接，则无论它是要求的还是可选的，都不会发送。

大部分的关键字支持指定默认值。当构造一个关键字时，它的值设置成默认值。如果使用关键字的 setDefaultValue 方法来改变默认值，将不影响关键字的值，除非用户也调用关键字的 setValueToDefault 方法。相比而言，如果只想要改变关键字的值，而不改变它的默认值，则应当使用关键字 setValue 方法。

当模式给内核发出命令时，关键字将以它们在模式中创建的顺序来进行排列。

当在模式类中存储关键字时，协议使用与关键字相同的名字加 Kw 来命名关键字对象。例如：

self. rKw = AFXIntKeyword(self. cmd,'r',True)

self. tKw = AFXFloatKeyword(self. cmd,'t',True)

self. nameKw = AFXStringKeyword(cmd,'name',True,'Part-1')

self. twistKw = AFXBoolKeyword(cmd,'twist',

　　AFXBoolKeyword. ON_OFF,0)

self. typeKw = AFXSymConstKeyword(cmd,'type',True,

　　SHADED. getId( ))

self. imageSizeKw = AFXTupleKeyword(cmd,'imageSize',False,

　　1,2,AFXTUPLE_TYPE_FLOAT)

6.5.9　表达式

AFXFloatKeyword 和 AFXIntKeyword 都支持表达式。这意味着可以在连接 AFXFloatKeyword 或者 AFXIntKeyword 的文本区域中输入数字表达式，并且计算该表达式。例如，可以在连接 AFXFloatKeyword 的文本区域中输入任何下面的表达式：

$3 + (7 * 22)$

$2 * 3. 1415 * 1. 5$

$125/55. 8$

表达式将在命令中得到发送，于是它将出现在再现和日志文件中，但是如果在内核中处理命令，则只存储结果值，失去表达式。

使用 AFXFloatKwyword 时，表达式总是可以使用的，但是对于 AFXIntKeyword（默认是处理表达式的），它是可选的。如果将 AFXIntKeyword 与 AFXList 或者 AFXComboBox 连接，并且选择列表中或者组合框中不表示数值，则必须抑制表达式计算。例如：

Form code snippet：

　　self. orderKw = AFXIntKeyword(cmd = cmd,name = 'order',

　　　　isRequired = False,defaultValue = 1,evalExpression = False)

Dialog code snippet：

　　combo = AFXComboBox(self,8,3,'Order：',form. orderKw,0)

　　combo. appendItem('First',1)

　　combo. appendItem('Second',2)

　　combo. appendItem('Third',3)

该代码的命令片段将看上去像：

someCommand(order = 2,. . .)

6.5.10　将关键字与窗口部件连接

通过将关键字设置成窗口部件目标的方法来将它们应用于 GUI 中。AFXDataDialog 类采用一个模式作为它的一个构造器参数。对话框使用构造器提供的模式来获取存储在模式中的关键字。此外，对话框使用关键字作为对话框中的窗口部件的目标。

除了目标以外，窗口部件也具有一个消息 ID。更多的信息见 6.5.6 节。在大部分情况下，应当为消息 ID 使用零值。零值表示关键字应当在值模式中操作。表 6-2 概述了关键字的消息 ID 的用法。

表 6-2　关键字的消息 ID 的用法

关　键　字	ID	描　　　　述
AFXIntKeyword	0	在值模式中操作的关键字。当关键字连接到文本区域、列表、混合框或微调控制项时使用
	>0	在选项模式中操作的关键字。当关键字连接到单选按钮时使用
AFXFloatKeyword	0	在值模式中操作的关键字
AFXStringKeyword	0	在值模式中操作的关键字
AFXBoolKeyword	0	在值模式中操作的关键字该关键字用于仅允许布尔值的窗口部件，如 FXCheckButton
AFXSymConstKeyword	0	在值模式中操作的关键字。当关键字与一个表或者混合框连接时使用此值
	>0	在选项模式中操作的关键字。当关键字与一个单选按钮连接时，使用符号常量的 ID（Symbolic Constant's ID）值。不要与 FXCheckButton 一起使用该关键字
AFXTupleKeyword	0	在值模式中操作的关键字。当整个元组是从一个单一的窗口部件收集时，使用此值
	1 2 3	在值模式中，仅对于元组的第 n 个单元的关键字操作，其中 n = ID。当从分离的窗口控件中收集每一个单元的输入时使用该值
AFXTableKeyword	0	在值模式中操作的关键字
AFXObjectKeyword	0	在值模式中操作的关键字

6.5.11　布尔、整型、浮点和字符串关键字例子

布尔、整型、浮点和字符串关键字的使用如下：

```
#Boolean keyword with a checkbox
#
FXCheckButton(self,'Show node labels',mode. nodeLabelsKw,0)
#Boolean keyword with option tree list
#
self. tree = AFXOptionTreeList(parent,6)
self. treeitem. addItemLast('Item 1',mode. item1Kw)
# Integer keyword
#
AFXTextField(self,8,'Number of CPUs:',mode. cpusKw,0)
combo = AFXComboBox(self,8,3,'Number:',mode. numberKw,0)
combo. appendItem('1',1)
```

```
combo. appendItem('2',2)
combo. appendItem('3',3)
# Float keyword
#
AFXTextField(self,8,'Radius:',mode. radiusKw,0)
# String keyword
#
AFXTextField(self,8,'Name:',mode. nameKw,0)
```

6.5.12 符号常量关键字例子

符号常量提供一个途径为命令参数指定选择，使得命令更具可读性。例如，在显示选项命令中存在 renderStyle 参数的 3 个选择。可以使用从 1 到 3 的整型值来给这些选择编号。然而，使用整型值将导致命令不具有非常好的可读性，如 renderStyle = 2。如果为每一个选择定义字符常量，则命令的可读性将变得更好，如 renderStyle = HIDDEN。内部的，字符常量包含一个可以通过 getId（）方法使用的整型 ID。字符常量可以在 GUI 和内核进程中使用。通常，应创建一个定义字符常量的模块，然后将那个模块导入到内核和 GUI 脚本中。

可以从 SymbolicConstants（字符常量）模块中导入 SymbolicConstant 构造器。构造器采用一个字符串参数。依照约定，字符参数使用的都是大写字母，单词之间具有下划线，并且变量名与字符串参数一样。例如：

from symbolicConstants import SymbolicConstant
AS_IS = SymbolicConstant('AS_IS')

在字符常量关键字的例子中，可以使用一个零值或者消息 ID 的一个字符常量 ID 的值。字符常量具有唯一的整型 ID，用于设置字符常量关键字的值，以及在生成命令时使用的字符串表示形式。要获得字符常量的整型 ID，可使用其 getId 方法。

如果关键字是连接到一个列表或者混合框窗口部件，则应当在窗口构造器中为 ID 使用零值。已经将 AFXList、AFXComboBox 和 AFXListBox 窗口部件设计成将字符常量关键字处理成目标。当将项目添加到一个列表或者混合框时，一个字符常量的 ID 将作为用户数据传入。这些窗口部件通过设置它们的值到项目来做出反应，此项目的用户数据与它们的目标匹配，与之相对，将窗口部件的值设置成项目，并且项目的索引与目标的值相匹配。下面的例子说明了一个混合框是如何与一个字符常量关键字相连接的。

```
combo = AFXComboBox(hwGb,18,4,'Highlight method:',
    mode. highlightMethodHintKw,0)
combo. appendItem('Hardware Overlay',HARDWARE_OVERLAY. getId())
combo. appendItem('Software Overlay',SOFTWARE_OVERLAY. getId())
combo. appendItem('XOR',XOR. getId())
combo. appendItem('Blend',BLEND. getId())
```

如果关键字与单选按钮相连接，则应当使用符号常量的 ID，它对应于消息 ID 的单选按钮。因为所有的符号常量的 ID 大于零，这说明关键字在选项模式中操作。下面的例子说明了符号常量关键字如何与单选按钮一起使用：

```
from abaqusConstants import *
...
# Modeling Space
#
gb = FXGroupBox(self,'Modeling Space',
    FRAME_GROOVE | LAYOUT_FILL_X)
FXRadioButton(gb,'3D',mode.dimensionalityKw,
    THREE_D.getId(),LAYOUT_SIDE_LEFT)
FXRadioButton(gb,'2D Planar',mode.dimensionalityKw,
    TWO_D_PLANAR.getId(),LAYOUT_SIDE_LEFT)
FXRadioButton(gb,'Axisymmetric',
    mode.dimensionalityKw,AXISYMMETRIC.getId(),
    LAYOUT_SIDE_LEFT)
```

6.5.13 元组关键字的例子

在元组关键字的情况中，消息 ID 的零值说明整个元组将被更新。例如，可以使用一个单独的文本区域来从用户那儿收集 X-输入、Y-输入和 Z-输入。在这种情况下，使用用户输入的逗号分隔字符串来设置元组关键字的整个值。例如，定义一个元组关键字如下：

```
self.viewVectorKw = AFXTupleKeyword(cmd,'viewVector',
    True,3,3)
```

可以将元组关键字与一个单独的文本区域进行如下连接：

```
AFXTextField(self,12,'View Vector (X,Y,Z)',
    mode.viewVectorKw,0)
```

另外，可以使用 3 个分离的文本区域来收集 X-输入、Y-输入和 Z-输入。每一个文本区域窗口部件使用一个等于元组单元编号（1 为基础的）的消息 ID，而元组与这些窗口部件是对应的。例如，1 对应于元组的第一个单元，2 对应于元组中的第二个单元……。在这种情况下，可以将关键字与 3 个文本区域相连接：

```
AFXTextField(self,4,'X:',mode.viewVectorKw,1)
AFXTextField(self,4,'Y:',mode.viewVectorKw,2)
AFXTextField(self,4,'Z:',mode.viewVectorKw,3)
```

6.5.14 表关键字例子

AFXTableKeyword 必须与一个表窗口部件相连接。该类型的关键字将产生一个命令参数，它是许多元组中的一个元组。一个表关键字中的值可以是整型的、浮点的或者字符串的。

默认行的最小编号是 0，默认行的最大编号是 -1，说明行的编号是无限的。表格的大小是可变的，因为用户能够添加或者删除行。通常指定最小行和最大行的默认值。例如，生成一个创建 XY 数据的命令，可以在表格中定义下面的关键字

self. cmd = AFXGuiCommand(self, 'XYData', 'session')

self. nameKw = AFXStringKeyword(self. cmd, 'name', True)

self. dataKw = AFXTableKeyword(
  self. cmd, 'data', True, 0, -1, AFXTABLE_TYPE_FLOAT)

在对话框中，使用零的选择值将表格关键字与表格连接。

table = AFXTable(vf, 6, 3, 6, 3,
  form. dataKw, 0, AFXTABLE_NORMAL | AFXTABLE_EDITABLE)

如果只对表格中的一个单独的列感兴趣，则可以利用 AFXColumnItem 对象去跟踪选项。如果一个表格包含名称和描述列，则可以只需要所选行的名称。在这种情况下，可以使用 AFXColumnItem 来保持一个元组关键字对表的所选行中的名字更新一致，代码如下：

ci = AFXColumnItems(referenceColumn = 0, tgt = form. tupleKw, sel = 0)

table = AFXTable(self, 4, 2, 4, 2, ci, 0,
  AFXTABLE_NORMAL | AFXTABLE_ROW_MODE | AFXTABLE_EXTENDED_SELECT

6.5.15 对象关键字例子

AFXObjectKeyword 的值具有变量名。在大部分情况下，在安装命令使用的命令中使用一个 AFXObjectKeyword。例如：

p = mdb. models['Model-1']. parts['Part-1']

session. viewports['Viewport：1']. setValues(displayedObject = p)

在上例中，将"手动"发出第一个命令，并且将一个对象关键字作为 AFXGuiCommand 的一部分，让发出的第二个命令使用"p"作为变量名。例如：

self. cmd = AFXGuiCommand(self, 'setValues',
  'session. viewports[% s]')

self. doKw = AFXObjectKeyword(self. cmd, 'displayedObject',
  True, 'p')

更多的信息见 7.5 节。

6.5.16 默认对象

当用户在对话框中单击了 Defaults 按钮时，可以使用一个默认对象来将一个命令中的关键字值恢复成它们的默认值。可以采用下面的命令来注册一个默认的对象：

self. registerDefaultsObject(cmd ,
    'session. defaultGraphicsOptions')

此外，AFXGuiCommand 类具有一个 setKeywordValuesToDefaults 方法，可以用来初始化一个命令中的所有关键字。在大部分情况下，使用 setKeywordValuesToDefaults 方法来初始化模式的 getFirstDialog 方法中所有关键字的状态。作为结果，应用将在每一次对话框显示时，初始化一个命令中关键字的值。

如果没有指定默认对象，当用户单击对话框中的 Defaults 按钮时，命令使用关键字的构造器中指定的默认值。

6.6 AFXTargets

目标与关键字在自动地保持它们的数据与 GUI 同步方面是类似的，目标不参与命令的处理。通常使用目标来跟踪与一个命令不直接相关联的某些 GUI 中窗口部件的值。例如，从 Create Load 对话框中选择要创建载荷的种类。AFXTargets 支持下面类型的目标：

- AFXIntTarget （initialValue）。
- AFXFloatTarget （initialValue）。
- AFXStringTarget （initialValue）。

6.7　从 GUI 访问内核数据

可以使用 abaqusGui 模块或者 kernelAccess 模块，从 Abaqus/CAE 中的 GUI 来获取内核 mdb 及会话对象。每一个模块在 GUI 中对于编程具有优势和劣势。从每一个模块中获取对象：

from abaqusGui import mdb,session

或者

from kernelAccess import mdb,session

输入的对象是内核中实际对象的代理。

可以查询 abaqusGui 模块 mdb 和会话代理对象的对象属性，但是它们不能被任意的方法调用（如 keys（）、values（）和 items（）那样的库方法）所使用。abaqusGui 代理对象经常地从内核得到更新，并且通过一个过程中的函数调用来获取它们（快）。然而，在某些情况下，代理对象可能过期。例如，当一个脚本在运行时，直到它停止时，代理对象才得到更新。

可以使用 kernelAccess 模块 mdb 和对话代理对象来执行任何 Abaqus 脚本界面内核命令。除了查询内核对象的属性外，还可以调用它们的方法并且得到任何返回值，好像在内核中执行代码一样。kernelAccess 代理对象总是更新的，因为获取它们同步调用了内核对象，同时创建进程中通信（IPC）流量。当使用 kernelAccess 代理对象替代 abaqusGui 模块代理对象时，这种与内核即时的互动造成了一个性能劣势。例如，调用 Part 对象的 getVolume 方法：

from kernelAccess import mdb,session

partNames = mdb. models［'Model- 1'］. parts. keys（）

v = mdb. models［'Model- 1'］. parts［'Part- 1'］. getVolume（）

由于该进程涉及通过 IPC 机制进行 GUI- 内核通信，因此在顾虑性能的地方不推荐使用。换句话说，应当仅使用此进程来获取数据，或者调用不花费"长时间"来执行的方法。如果性能不是问题，则可以从 abaqusGui 模块获取 mdb 和对话对象，代替 kernelAccess 模块。

虽然可以在一个脚本中导入 kernelAccess 模块，该脚本在应用启动脚本完成之前已经运行，但是在应用启动脚本完成前，用户不能查询 mdb 和对话对象。换言之，用户可以在 GUI 初始构造过程中的执行代码里，将 kernelAccess 模块导入到脚本中；然而，不应当试图获取 mdb 或者会话对象，因为 GUI 中的某些用户交互需要它。更多的信息见 11. 2 节。

6.8　获取内核数据变化的通知

- "自动注册一个内核对象的查询"（6.8.1 节）

- "在内核对象上手动注册一个查询"（6.8.2 节）

- "在 kernelAccess 代理对象上使用 registerQuery"（6.8.3 节）

- "自定义内核数据改变"（6.8.4 节）

本节介绍当在 GUI 进程外改变内核对象和自定义内核对象时，如何通知 GUI。

6.8.1　自动注册一个内核对象的查询

查询提供一个机制，允许内核中的数据改变时通知 GUI 进程。6.5.3 节介绍了如何使用 AFXGuiCommand 构造器的 registerQuery 参数。registerQuery 参数是一个布尔标识，指定是否在目标上自动注册一个查询，目标由内核命令进行了编辑。如果在 AFXGuiCommand 构造器中指定的内核对象发生了变化，则基础架构使用最新的值来更新 GUI 中的关键字。不需要明确地注册一个查询。默认情况下，registerQuery = False，并且没有自动的查询注册。

例如：

cmd = AFXGuiCommand（mode, 'setValues', mdb. models［％s］. parts［％s］,
　　True）

在该例子中，如果用户改变了当前的零件，则更新 setValues 方法的路径来反映新的当前零件。当用户单击 "OK" 按钮来执行一个自定义对话框时，模式发出一个更改当前零件的 setValues 命令。

6.8.2　在内核对象上手动注册一个查询

对于并非与一个命令直接相关联的对象（如一个库），可以注册一个自己的查询。用户可以使用 registerQuery 方法在 Abaqus/CAE 对象上注册一个查询。该方法采用一个反馈函数作为参数。当已经注册了查询的对象发生改变时，基本构架自动调用 registerQuery 方法中提供的函数。例如：

from abaqusGui import ∗
def onPartsChanged（）:
　　print 'The parts repository changed. '
　　keys = mdb. models［'Model-1'］. parts. keys（）
　　print 'The newkeys are：',keys
mdb. models［'Model-1'］. parts. registerQuery（onPartsChanged）

在上面的例子中，如果一个零件得到创建、删除、重命名或者编辑，则将调用方法 onPartsChanged。

registerQuery 方法具有另一个可选的参数，确定当第一次注册查询时，是否调用反馈。默认情况下，此参数是 True。当第一次注册查询时，将调用反馈。如果指定 False 作为另一个参数，则当第一次注册查询时，不调用查询反馈。延后查询反馈可以防止特定情况中的错误。更多的信息见 6.8.3 节。

因为已经注册的查询在内核与 GUI 进程之间造成了 "通信量"，所以应当在不需要它们时注销查询。注销一个查询，使用 unregisterQuery 方法，并且传递在 registerQuery 方法中使用的相同参数。在大部分情况下，在 show 方法中注册查询，show 是为需要查询的对话框写的方法。类似地，在 hide 方法中注销查询。如果不注销一个查询，当对话框没有显示时发出了查询，如果反馈试图编辑一个对话框中的窗口部件，则应用可能会终止。

如果用户在下面的例子中创建、删除、重命名或者编辑一个零件，则应用将调用 onPartsChanged 方法并且更新对话框：

```
class MyDialog(AFXDataDialog):
    ...
    def onPartsChanged(self):
        # Code to update the part list
        # in the dialog box
    def show(self):
        from kernelAccess import mdb
        mdb.models['Model-1'].parts.registerQuery(
            self.onPartsChanged)
        AFXDataDialog.show(self)
    def hide(self):
        from kernelAccess import mdb
        mdb.models['Model-1'].parts.unregisterQuery(
            self.onPartsChanged)
        AFXDataDialog.hide(self)
```

6.8.3　在 kernelAccess 代理对象上使用 registerQuery

在 kernelAccess 模块代理对象上调用 registerQuery 方法来替代 abaqusGUI 代理对象是可能的。然而，内部的查询总是在 abaqusGui 代理对象上注册。两种代理对象并非总是完美同步。如果在内核发生改变时注册查询，则将导致产生问题。例如，

```
from kernelAccess import mdb
def onPartsChanged():
    print 'The parts repository changed.'
    keys = mdb.models['Model-1'].parts.keys() # OK
    print 'The new keys are:',keys
    if keys:
        mdb.models['Model-1'].parts[keys[0]].registerQuery(onPartsChanged)
    # Not OK
        # Internally the registerQuery method will be called on
abaqusGui.mdb...
mdb.models['Model-1'].parts.registerQuery(onPartsChanged)
```

如果随后发出了影响零件库中名称的一个 changeKey 命令，则上面的例子将失败。使用

kernelAccess mdb 代理对象得到关键字（零件名），并且包含改变后的名字。新命名的零件对象（使用 keys（）［0］）的 registerQuery 在反馈中得到调用，在 changeKey 命令完成之前反馈使用新的名称。因为零件库的 abaqusGui 代理并没有得到更新，所以发出了一个 Keyerror。

在 GUI 中运行上面的例子，创建一个零件，然后在命令行界面（CLI）输入：

>>> mdb. models［'Model-1'］. parts. changeKey（'Part-1','ROD'）

将得到下面的错误提示：

Traceback（most recent call last）：

    File "path and filename of the example script"，

line 9, in onPartsChanged

    mdb. models［'Model-1'］. parts［partNames［0］］. registerQuery

（onPartsChanged）# Not OK

KeyError：'ROD'

6.8.4　自定义内核数据改变

为了在 GUI 中收到自定义内核对象的变化，内核对象必须利用由 customKernel 模块提供的特殊的类。customKernel 模块提供了下面的特殊类，所有这些能够通知 GUI 何时类的内容发生了改变。

● CommandRegister：允许创建一个通用的类。更多的信息见《Abaqus 脚本用户手册》的 5.6.3 节。

● RepositorySupport：允许在其他库下面创建库。更多的信息见《Abaqus 脚本用户手册》的 5.6.6 节。

● RegisteredDictionary：允许创建自定义字典。更多的信息见《Abaqus 脚本用户手册》的 5.6.7 节。

● RegisteredList：允许创建自定义列表。更多的信息见《Abaqus 脚本用户手册》的 5.6.8 节。

● RegisteredTuple：允许创建自定义元组。更多的信息见《Abaqus 脚本用户手册》的 5.6.9 节。

customKernel 模块的更多信息见《Abaqus 脚本用户手册》的 5.6 节。

模式是从用户那里搜集输入、处理输入，并且接着向内核发出一个命令的一个机制。该部分描述了 Abaqus GUI 工具包中可以使用的模式。该部分包括的内容如下：

- "模式的概览"（7.1 节）
- "模式处理"（7.2 节）
- "表模式"（7.3 节）
- "过程模式"（7.4 节）
- "过程模式中的拾取"（7.5 节）

7.1　模式的概览

模式的类型如下：

表模式

表模式给独立的对话框提供一个接口。

过程模式

过程模式提供一个接口，使用提示区来引导用户通过一系列的步骤从对话框或者从视口中选取来搜集输入。

如果一个模式需要在当期的视口中进行绘画或者亮显，则模式必须是过程模式。因为 Abaqus/CAE 亮显用户拾取的对象，所以任何要求用户在视口中拾取的模式必须也是一个过程模式。过程模式确保在某一时刻只有一个过程对场景控制。如果为了不同的目的，两个不同的过程可以亮显模型的不同部分，则产生混乱且模糊的显示。

7.2　模式处理

- "模式处理序列"（7.2.1 节）
- "启用一个模式"（7.2.2 节）
- "步骤和对话框过程"（7.2.3 节）
- "命令进程"（7.2.4 节）
- "工作进展情况"（7.2.5 节）
- "命令错误处理"（7.2.6 节）

模式通常是通过 GUI 中的一个按钮来启用的。一旦启用了一个模式，它就负责收集用户输入、处理输入、发送一个命令，并且实施任何与模式或者它所发出的命令相关联的错误处理。

7.2.1　模式处理序列

在输入收集过程中，模式允许执行某些中间错误检查。假定用户需要输入一个 0 ~ 1 之间的值，但是却输入了一个此范围之外的值，则可以在继续收集更多的输入之前标识一个错误。当从用户处收集得到所有的输入后，模式验证输入，构造命令，并且向内核发送命令。如果内核抛出一个异常，则模式将处理此异常。模式处理序列如图 7-1 所示。

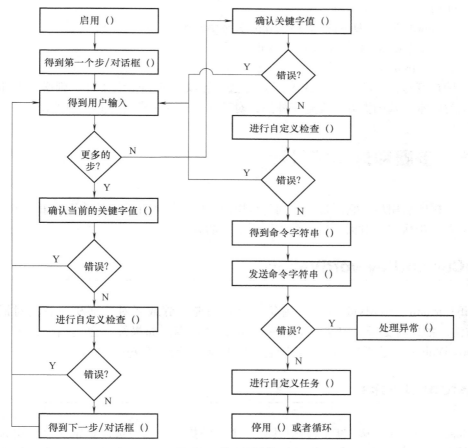

图 7-1　模式处理序列

为在模式中提供自定义的进程，可以改写图 7-1 中所示的方法。如果改写一个方法，则应当为方法使用完全相同的原型。参考 Abaqus GUI 工具包参考手册来确定方法的原型。

7.2.2　启用一个模式

通过向模式发送一个将它的 ID 设置成 ID_ACTIVATE 的和 SEL_COMMAND 类型的信息来启用一个模式。该消息造成调用模式的启用方法。更多的信息见 6.5.4 节。

如果需要从用户处收集输入之前，让模式从事任何进程，则可以重定义启用方法。例如，可以在要求用户在一个零件上选取一些东西的模式开始前，检查当前的视口包含一个零件，如下面方法中所示：

```
def activate( self):
    if getDisplayedObjectType( ) == PART:
        AFXForm. activate( self)
    else:
        showAFXErrorDialog( getAFXApp( ). getAFXMainWindow( ),
            'A part must be displayed in the\
            current viewport. ')
```

如果用户撰写自己的启用（或停用）方法，若没有遇到错误条件，则必须调用所用方法的基础类版本。基础类方法实施额外的，对于使得模式正常的有必要的进程。

7.2.3　步骤和对话框过程

在一个模式启用后，它通过一系列的从用户处收集输入并且确认输入的事件来循环。在用户提交每一步骤或者对话框后，模式调用下面的方法：

verifyCurrentKeywordValues

verifyCurrentKeywordValues 方法为每一个与当前步骤或者对话框相关联的对话框调用 verify 方法。如果有必要，则方法显示一个错误对话框。如果没有遇到错误，则 verifyCurrentKeywordValues 方法返回 True，否则它返回 False 并且终止进一步的进程。

doCustomChecks

doCustomChecks 方法在基础类中具有一个空的执行。用户可以重定义该方法来实施任何附加的关键字值检查，通常进行范围检查或者进行一些值之间的相互依存性检查。如果没有遇到错误，则 doCustomChecks 方法应当返回 True，否则它将返回 False，这样将终止进一步的命令过程。在步骤和对话框进程以及命令过程中，模式调用 doCustomChecks 方法。

7.2.4　命令进程

当模式完成了从用户那里收集输入时，它就调用一系列的方法。如果需要，则可以重定义一些方法来自定义模式的行为。模式调用的方法如下：

verifyKeywordValues

verifyKeywordValues 方法为与模式相关联的每一个命令的每一个关键字调用 verify 方法，如果需要，则显示一个错误对话框。如果没有遇到错误，则 verifyKeywordValues 方法返回 True；否则，它返回 False 并且终止进一步的命令过程。

doCustomChecks

doCustomChecks 方法在基础类中具有一个空的执行。用户可以重定义该方法来执行任何额外的关键字值检查，通常是进行范围检查或者值之间的一些相关性检查。如果没有遇到错误，则 doCustomChecks 方法应当返回 True，否则返回 False，并且终止进一步的命令进程。在步骤和对话框进程以及命令进程中，模式调用 doCustomChecks 方法。

下面的例子显示了如何使用 doCustomChecks 方法来寻找一个无效的值，作为反映，显示一个错误对话框并且将光标置于合适的窗口部件中。如果关键字与对话框中的一个文本区域相连，则 onKeywordError 方法找到文本区域窗口部件，选择它的内容，并且将集中放置于窗口部件中。

```
def doCustomChecks(self):
    if self.lengthKw.getValue() >= 1000:
        showAFXErrorDialog(self.getCurrentDialog(),
            'Length must be less than 1000.')
        self.getCurrentDialog().onKeywordError(self.lengthKw)
        return False
```

issreCommands

issueCommands 方法负责构建命令字符串，将它发给内核，处理任何来自命令的意外，并且如果有必要的话停用模式。issueCommands 方法调用下面的方法：

● getCommandString：该方法返回一个字符串，代表从每一个与模式相关联的命令处收集到的命令。所要求的关键字总是与命令一起发送，但是也可以在关键字仅在它们的值改变时才发送。命令以其在模式中构建的相同次序发送到内核。如果命令不适合模式生成的命令标准样式，则可以重定义该方法来生成自己的命令字符串。

● sendCommandString：该方法将命令字符串从 getCommandString 方法返回，并且将其发

送给内核处理。不应当覆盖该命令，否则不能正确地运行用户的模式。

● doCustomTasks：该方法在基础类中具有一个空的执行。在内核处理过命令后，可以重定义该方法来实施所要求的任何额外的任务。

在调用这些方法后，如果用户单击了 OK 按钮，issueCommands 方法将停用该模式。

issueCommands 方法也控制命令对再现和日志文件的书写。GUI 基础构架总是调用 write-ToReplay = True 和 writeToJournal = False 的 issueCommands 方法。如果您想要改变行为，则可以覆盖该方法并且为参数指定不同的值。如果覆盖 issueCommands 方法，则必须指定两个参数，并且应当总是从用户的方法中调用基础类方法，否则模式可能不能正确地运行。例如：

```
def issueCommands(self,writeToReplay,writeToJournal):
    AFXForm. issueCommands(self,writeToReplay = True,
        writeToJournal = True)
```

在大部分情况下，不需要调用 issueCommands，因为基础构架将自动地调用它。如果中断了正常的模式进程流，则必须调用 issueCommands 来完成进程。如果在发出一个命令之前，想要询问用户准许执行命令，则可以从 doCustomChecks 方法处显示一个警告对话框。在该例子中，必须从 doCustomChecks 方法中返回 False 来停止命令进程。应用将等候用户从警告对话框中做出一个选择。当用户在警告对话框中单击了一个按钮时，必须捕获对话框发送的消息到用户的表。如果用户单击"Yes"按钮，则应当继续命令进程，如下面的例子中所示：

```
class MyForm(AFXForm):
    ID_OVERWRITE = AFXForm. ID_LAST
    def __init__(self,owner):
    AFXForm. __init__(self,owner)
        FXMAPFUNC(self,SEL_COMMAND,
            self. ID_OVERWRITE,MyForm. onCmdOverwrite)
        ...
    def doCustomChecks(self):
        import os
        if os. path. exists(self. fileNameKw. getValue()):
            db = self. getCurrentDialog()
            showAFXWarningDialog(db,
                'File already exists. \n\nOK to overwrite? ',
                AFXDialog. YES | AFXDialog. NO,self,
                self. ID_OVERWRITE)
            return False
        return True
    def onCmdOverwrite(self,sender,sel,ptr):
        if sender. getPressedButtonId() == \
            AFXDialog. ID_CLICKED_YES:
                self. issueCommands(writeToReplay = True,
```

writeToJournal = True）

   return 1

  正常情况下，当模式实施时，GUI 基本构架负责向内核自动地发送命令。如果需要在模式实施之前发出一个命令，则可以自己调用 issueCommands。在其他情况中，可能想要发送一个命令而不需要使用表的基本构架。可以使用 sendCommand（CMD）方法直接给内核发送一个命令字符串。更多的信息见 6.3 节。

deactivate

  在模式已经成功地发出它的命令后，它将调用 deactivate 方法来执行不同的清扫任务，除非模式循环或者单击了一个 Apply 按钮，在这种情况下，模式返回并且等待进一步的来自用户的输入。如果需要为模式执行自己的清扫任务，则可以覆盖该方法，但是应当确保调用基础类方法，也确保模式得到正确的终止，如下面的例子中所示：

```
def deactivate( self) :
    # Do your processing here
    # Call the base class method
    AFXForm. deactivate( self)
```

cancel

  如果需要程序化地取消一个模式，而不是用户单击一个 Cancel 按钮，则可以调用模式的 cancel 方法，取它的默认值参数。Cancel 方法将调用 deactivate 方法，这样将仍然实施模式的清扫任务。

  如果想要给用户一个机会来确认是否要取消一个模式，则可以调用一个救助对话框。如果用户在写一个表模式，则可以在用户的对话框的构造器中指定救助标识。如果用户在写一个过程模式，则应当写 checkCancel 方法。checkCancel 方法的返回值决定在过程被放弃时，是否提醒用户确认。例如：

```
def checkCancel( self) :
    if self. getCurrentStep( ) == self. step1 :
        # If cancelled in the first step,do not
        # ask the user for confirmation to cancel.
        return AFXProcedure. BAILOUT_OK
    else :
        # After the first step,ask theuser for
        # confirmation before cancelling.
        return AFXProcedure. BAILOUT_NOTOK
```

  默认情况，当 Abaqus/CAE 中的上下文改变时，将放弃所有的表。例如，当用户打开一个新的数据库或者改变当前的模式时。如果有一个不想被放弃的表模式，则可以在表代码中覆盖基础类执行：

```
def okToCancel(self):
    return False
```

7.2.5 工作进展情况

如果发送给内核的命令时间花费多于一定的量（差不多一秒），则 GUI 将锁定并且显示忙光标。如果想要给用户的命令进展提供额外的反馈，则可以给用户的内核代码添加一个工作进行中命令。更多的信息见《Abaqus 脚本参考手册》的 53.6 节。

使用 milestone 命令来提供量计算的进展反馈：

```
numObjects = 4
for i in range(numObjects + 1):
    milestone('Computing total volume', 'parts', i, numObjects)
    ...
    compute volume here
    ...
```

显示命令的进展如图 7-2 所示。

图 7-2　显示命令的进展

7.2.6 命令错误处理

如果发给内核的命令产生一个意外，则模式基础构架调用 handleException 方法。handleException 显示一个错误对话框，具有意外之中包含的信息。如果想要执行自己的错误处理，则可以重定义 handleException 方法，如下面例子所显示：

```
def handleException(self, exception):
    exceptionType = exception[0]
    exceptionValue = exception[1]
    # Do some special error handling here
    # Post an error dialog
    #
    db = self.getCurrentDialog()
    showAFXErrorDialog(db, str(exceptionValue))
```

7.3   表模式

- "表例子"（7.3.1 节）
- "表构造器"（7.3.2 节）
- "getFirstDialog"（7.3.3 节）
- "getNextDialog"（7.3.4 节）
- "从 GUI 收集输入"（7.3.5 节）

一个表模式使用一个或者更多的对话框从用户处收集输入。

7.3.1　表例子

下面的例子说明了如何写一个表模式。第一个例子仅包括一个对话框，第二个例子将该表扩展到多个对话框。

```
from abaqusGui import *
from plateDB import PlateDB
class PlateForm( AFXForm) :
    # ~ ~ ~ ~ ~ ~ ~ ~ ~ ~ ~ ~ ~ ~ ~ ~ ~ ~ ~ ~ ~ ~ ~ ~ ~ ~ ~ ~ ~ ~
    def __init__( self,owner) :
        AFXForm. __init__( self,owner)
        self. cmd = AFXGuiCommand( self,'Plate','examples')
        self. nameKw = AFXStringKeyword( self. cmd,'name',True)
        self. widthKw = AFXFloatKeyword( self. cmd,'width',True)
        self. heightKw = AFXFloatKeyword( self. cmd,'height',True)
    # ~ ~ ~ ~ ~ ~ ~ ~ ~ ~ ~ ~ ~ ~ ~ ~ ~ ~ ~ ~ ~ ~ ~ ~ ~ ~ ~ ~ ~ ~
    def getFirstDialog( self) :
        self. cmd. setKeywordValuesToDefaults( )
        return PlateDB( self)
```

7.3.2　表构造器

通过从 AFXForm 派生一个新类来写一个表模式。在 AFXForm 构造器的体内，必须调用基础类构造器并且传给所有者。该所有者是模块或者表所属的工具包 GUI。

然后定义模式将使用的命令和关键字。将关键字存储为模式的成员，这样它们可以由对话框使用。如果在 AFXGuiCommand 构造器中设置 registerQuery = True，则当启用模式时，模式将询问通过命令指定的内核对象，并且将自动地设置命令关键字的值。更多的信息见6.5.3 节。如果没有与用户的命令相关联的内核对象（如当创建一个新对象时），则可以通过在构造器中指定一个默认值来设置关键字。

如果有一个默认的目标，用户想用来为对话框重建默认的值，则可以使用模式的 registerDefaultsObject 方法来注册一个对象，在用户单击对话框中的 Defaults 按钮时，对该对象的值将进行查询。更多的信息见6.5.16 节。

默认情况下，对话框以非模态的或者无模态的形式显示。可以通过调用 setMode（True）来改变行为，使得对话框作为模式显示。在大部分情况下，只设置行为一次。用户可以在需要时通过在 getFirstDialog 或者 getNextDialog 方法中调用 setModal 方法来改变行为。更多的信息见 5.2 节。

7.3.3 getFirstDialog

用户必须为模式撰写 getFirstDialog 方法。getFirstDialog 方法应当返回模式的第一个对话框。在 7.3.1 节中，将表的一个指针传递到对话框构造器。对话框将使用该指针来获取模式的关键字。

如果想在每次显示对话框时出现相同的默认值，则必须在返回对话框之前调用 setKeywordValuesToDefaults（）方法。

7.3.4 getNextDialog

如果用户的模态包含多个对话框，则除了撰写 getFirstDialog 方法之外，还要撰写 getNextDialog 方法。前面的对话框已经传入 getNextDialog 方法，这样可以确定用户在对话框序列的位置，并且据此行动。getNextDialog 方法应当在序列中返回下一个对话框，或者它应当返回 None，以表明它已经完成了从用户收集输入。下面的例子说明了如何从用户那里通过 3 个对话框收集输入，而不是仅在一个对话框中进行收集。

```
def getFirstDialog( self) :
    self. dialog1 = PlateDB1 ( self)
    return self. dialog1
def getNextDialog( self, previousDb) :
    if previousDb == self. dialog1 :
        self. dialog2 = PlateDB2 ( self)
        return self. dialog2
    elif previousDb == self. dialog2 :
        self. dialog3 = PlateDB3 ( self)
        return self. dialog3
    else :
        return None
```

7.3.5 从 GUI 收集输入

要通过 GUI 从用户收集输入，在模式中定义的关键字必须与对话框中的窗口部件相连接。AFXDataDialog 类在它的构造器中取一个模式参数。因为表存储关键字，对话框可以获取这些关键字，并且在对话框中将它们赋成窗口部件的目标。因而，GUI 能够更新关键字；或者，当对话框显示时，如果内核得到更新，则关键字可以更新 GUI。下面的例子显示了表的关键字是如何在对话框中与窗口部件连接的：

```
class PlateDB(AFXDataDialog):
    def __init__(self,mode):
        AFXDataDialog.__init__(self,mode,'Create Plate',
            self.OK | self.CANCEL,DIALOG_ACTIONS_SEPARATOR)
        va = AFXVerticalAligner(self)
        AFXTextField(va,15,'Name:',mode.nameKw,0)
        AFXTextField(va,15,'Width:',mode.widthKw,0)
        AFXTextField(va,15,'Height:',mode.heightKw,0)
```

7.4 过程模式

- "过程例子"（7.4.1 节）
- "过程构造器"（7.4.2 节）
- "getFirstStep"（7.4.3 节）
- "getNextStep"（7.4.4 节）
- "getLoopStep"（7.4.5 节）
- "AFXDialogStep"（7.4.6 节）

过程包含一系列的从用户处收集输入的步骤。

7.4.1　过程例子

使用下面的方法来显示过程中的步骤：

- getFirstStep。
- getNextStep。
- getLoopStep。

过程中用户可以使用的步骤如下。

- AFXDialogStep：该步骤提供一个对话框的接口。
- AFXPickStep：该步骤提供一个接口，允许在视口中拾取物体。

下面的例子显示了如何编写使用一个对话框步骤的过程模式。后面的例子将显示如何使用多个步骤。

```
from abaqusGui import *
from plateDB import PlateDB
class PlateProcedure(AFXProcedure):
    #~~~~~~~~~~~~~~~~~~~~~~~~~~~~~~~~~~~
    def __init__(self,owner):
        AFXProcedure.__init__(self,owner)
        self.cmd = AFXGuiCommand(self,'Plate','examples')
        self.nameKw = AFXStringKeyword(self.cmd,'name',True)
        self.widthKw = AFXFloatKeyword(self.cmd,'width',True)
        self.heightKw = AFXFloatKeyword(self.cmd,'height',True)
    #~~~~~~~~~~~~~~~~~~~~~~~~~~~~~~~~~~~
    def getFirstStep(self):
        self.cmd.setKeywordValuesToDefaults()
        db = PlateDB(self)
        return AFXDialogStep(self,db)
```

7.4.2　过程构造器

通过从 AFXProcedure 派生一个新的类来开始编写一个过程模式。在 AFXProcedure 构造器体内，必须调用基础类构造器并且传递给所有者，所有者是过程归属的模块或者工具包 GUI。可以传递进一个过程类型的值。类型的默认值是 NORMAL。类型定义当前正在执行其他的过程时，启用一个新过程将要发生什么。

过程的类型可以是 NORMAL 或者 SUBPROCEDURE。当启用一个正常的过程时，它放弃任何当前执行的过程。当启用一个子过程时，它暂停一个正常过程或者放弃其他的子过程。如果暂停一个过程，一旦子过程完成，就恢复过程。

显示过程（如平移、旋转和缩放）是过程的特殊类型，不能暂停。当启用其他过程时，总是放弃显示过程。当启用显示过程时，总是暂停任何当前执行的过程。

默认情况，基础构架使用过程的类名来区分它们。如果需要让多个过程的个体在同一个时候执行，则将需要通过调用 setModeName 方法来使得基础构架区分它们的名字。

在从 AFXProcedure 派生一个新类后，定义模式需要的命令和关键字。关键字作为模式的成员来存储，这样步骤可以使用它们。如果在 AFXGuiCommand 构造器中设置了 register-Query = True，则当启用模式时，模式将查询命令指定的内核对象，并且自动地设置命令关键字的值。更多的信息见 6.5.3 节。如果没有与用户的命令相关联的内核对象（如当创建一个新对象时），则可以通过在它们的构造器中指定一个默认值来设置关键字的值。

如果有一个默认对象，想用来为一个对话框重建默认值，则能够使用模式的 registerDe-faultsObject 方法来注册一个对象，当用户单击对话框中的 Defaults 按钮时，将查询该对象的值。更多的信息见 6.5.16 节。

默认情况下，对话框作为非模式显示。可以通过调用 self. setModal（True）来将一个对话框显示成模式。在大部分情况下，在模式中只设置形态一次。可以根据需要通过在 getFirstDialog 或者 getNextDialog 方法中调用 setModal 方法来改变形态。更多的信息见 5.2 节。

7.4.3　getFirstStep

用户必须总是为模式编写 getFirstStep 方法。getFirstStep 方法应当返回模式的第一步。在 7.4.1 节，过程的一个指针传入对话框构造器。对话框将使用该指针来访问模态的关键字。

如果想要在每一次显示对话框时显示相同的默认值，则必须在返回对话框前调用 set-KeywordValuesToDefaults（）方法，如 7.4.1 节中所示的那样。

7.4.4　getNextStep

如果模式包括多个步骤，则除了撰写 getFirstStep 方法外，还要编写 getNextStep 方法。将前面的步骤传入 getNextStep 方法，这样可以确定在后续步骤中用户的位置并且据此行动。getNextStep 方法应当在后续中返回下一步骤，否则它应当返回 None 来说明它已经完成了从用户处收集输入。下面的例子说明了输入是如何在一系列的三个步骤中从用户那里收集得到的，而不是仅仅从一个步骤：

```
# ~ ~ ~ ~ ~ ~ ~ ~ ~ ~ ~ ~ ~ ~ ~ ~ ~ ~ ~ ~ ~ ~ ~ ~ ~ ~ ~ ~ ~ ~
def getFirstStep( self) :
    self. cmd. setKeywordValuesToDefaults( )
    self. plateWidthDB = None
    self. plateHeightDB = None
```

```
        db = PlateNameDB(self)
        self. step1 = AFXDialogStep(self,db)
        return self. step1
    # ~ ~ ~ ~ ~ ~ ~ ~ ~ ~ ~ ~ ~ ~ ~ ~ ~ ~ ~ ~ ~ ~ ~ ~ ~ ~ ~ ~ ~ ~ ~ ~ ~ ~
    def getNextStep(self,previousStep):
        if previousStep == self. step1:
            if not self. plateWidthDB:
                self. plateWidthDB = PlateWidthDB(self)
            self. step2 = AFXDialogStep(self,self. plateWidthDB)
            return self. step2
        elif previousStep == self. step2:
            if not self. plateHeightDB:
                self. plateHeightDB = PlateHeightDB(self)
            self. step3 = AFXDialogStep(self,self. plateHeightDB)
            return self. step3
        else:
            return None
```

7. 4. 5　getLoopStep

如果想要用户的循环过程，则必须编写 getLoopStep 方法。在基础类中定义的 getLoop-Step 方法返回 None，说明模式将通过一个单一的时间来运行。可以重新定义 getLoopStep 方法，并且返回过程应当循环回到的步骤。下面的例子显示了如何将在先前部分中显示的过程在完成了上一步骤后，循环返回到第一步骤：

```
    Def getLoopStep(self):
        Return self. step1
```

7. 4. 6　AFXDialogStep

AFXDialogStep 类允许在一个过程中显示一个对话框。为了创建一个对话步骤，必须提供过程、一个对话框以及一个提示行的提示。如果不提供提示，则 Abaqus 使用一个默认的 Fill out the dialog box title dialog 提示。下面是一个单独步骤过程中的对话步骤例子：

```
    def getFirstStep(self):
        db = PlateDB(self)
        prompt = 'Enter plate dimensions in the dialog box'
        return AFXDialogStep(self,db,prompt)
```

在大部分情况下，一个过程将具有多个步骤。因为一个过程具有备份到前面步骤的能力，所以必须编写在过程中构建对话框不多于一次的过程。可以通过初始化过程成员，接着在 getNextStep 中检查成员，来避免一个过程构建对话框多于一次，如下面的例子中所示：

```
def getFirstStep(self):
    self.plateWidthDB = None
    self.plateHeightDB = None
    db = PlateNameDB(self)
    self.step1 = AFXDialogStep(self,db)
    return self.step1
def getNextStep(self,previousStep):
    if previousStep == self.step1:
        if not self.plateWidthDB:
            self.plateWidthDB = PlateWidthDB(self)
        self.step2 = AFXDialogStep(self,self.plateWidthDB)
        return self.step2
    elif previousStep == self.step2:
        if not self.plateHeightDB:
            self.plateHeightDB = PlateHeightDB(self)
        self.step3 = AFXDialogStep(self,self.plateHeightDB)
        return self.step3
    else:
        return None
```

7.5 过程模式中的拾取

- "AFXPickStep"（7.5.1 节）
- "细化用户可以选择什么"（7.5.2 节）
- "不可拾取的实体"（7.5.3 节）
- "选取时亮显"（7.5.4 节）
- "选择选项"（7.5.5 节）
- "允许用户输入点"（7.5.6 节）
- "通过角来拾取"（7.5.7 节）
- "AFXOrderedPickStep"（7.5.8 节）
- "预填充一个拾取步骤"（7.5.9 节）
- "选取时的局限"（7.5.10 节）

该部分介绍了在过程模式中的拾取。

7.5.1　AFXPickStep

AFXPickStep 类允许用户在当前的视口中选取实体。用户创建与选取步骤相关联的关键字的次序，必须与所用关键字中的选取步骤的次序一样。如果用户具有两个选取步骤，则必须在创建传入第二选取步骤的第二个关键字之前，创建传入第一选取步骤的关键字。与拾取步骤相关联的关键字的创建次序，与使用关键字的选取步骤相同，这样确保老命令的正确工作，采用正确的次序发出必要的安装命令。

当从视口中拾取项目时，可以指定很多参数。用户在 AFXPickStep 构造器中指定这些参数的一部分，并且通过调用拾取步骤的不同方法来指定其他参数。

为构建一个拾取步骤，必须至少提供以下内容：

- 一个过程。
- 一个对象关键字。
- 提示行的一个提示。
- 指定可以拾取哪种类型实体的一字节标识或者很多标识符。

下面的例子显示了如何写一个拾取步骤：

```
class MyProcedure( AFXProcedure) :
    def __init__( self,owner) :
        AFXProcedure. __init__( self,owner)
        self. cmd = AFXGuiCommand( self,'myMethod','myObject')
        self. nodeKw = AFXObjectKeyword( self. cmd,'node',True)
    def getFirstStep( self) :
        return AFXPickStep( self,self. nodeKw,
            'Select a node',AFXPickStep. NODES)
```

构造器中的可选的参数允许用户指定：

- 用户是否应当拾取一个实体或者更多的实体（AFXPickStep. ONE（默认情况）或者 AFXPickStep. MANY）。
- 亮显水平（1-4）。
- 序列样式（AFXPickStep. ARRAY（默认情况）或者 AFXPickStep. TUPLE）。

如果只允许用户拾取一个实体，则过程将自动地在用户拾取一个实体后推进到下一步骤；然而，用户可以退回到上一步骤来改变选择。如果允许用户拾取一个或者更多的实体，则用户必须通过单击鼠标按钮 2，或者单击提示行的 Done 按钮来实施选择。

亮显水平控制被选取实体的颜色。在某些过程中，在步骤间应用不同的颜色来区分选择。

序列类型控制一系列拾取的对象是如何在命令字符串中表现的。如果序列类型是 AFX-PickStep. ARRAY，则选取的目标将表现为矩阵片的串联。例如，v［3：4］+v［5：8］，其中

v 是顶点矩阵。不能使用 AFXPickStep. ARRAY 序列样式来拾取具有多种类型的实体混合，因为只有相同类型的对象可以串联。此外，不能使用 AFXPickStep. ARRAY 序列类型来拾取感兴趣的点，因为感兴趣的点是在传输过程中进行构建的，并且不能从矩阵的片访问。

如果序列样式是 AFXPickStep. TUPLE，则拾取的对象将表达成单个对象的元组，如 (v [3]，v [4]，v [6]，v [7])。用户选的样式的格式基于用户试图发出的命令可以接受的格式。

7.5.2　细化用户可以选择什么

细化限定了 AFXPickStep 构造器中指定的可拾取实体的类型。下面的例子显示了如何只选取直边：

step = AFXPickStep (self , self. edgeKw , 'Select a straight edge' ,
　　AFXPickStep. EDGES)
step. setEdgeRefinements (AFXPickStep. STRAIGHT)
默认情况下，不设置细化。一个完全的细化列表见《Abaqus GUI 工具包参考手册》。

7.5.3　不可拾取的实体

默认情况下，过程模式防止在相同的过程中再次选取之前选取过的几何物体。如果想要再次选取则可以调用 allowRepeatedSelections 方法。下面的例子显示了如何允许重复的选取：

step = AFXPickStep (self , self. edgeKw , 'Select a straight edge' ,
　　AFXPickStep. EDGES)
step. allowRepeatedSelections (True)

7.5.4　选取时亮显

过程模式在用户放弃一个过程时，清除所有的亮显。此外，过程模式在备份前，清除当前步骤中的亮显。亮显实体的颜色，通过在 AFXPickStep 构造器中设置的亮显水平来控制。

7.5.5　选择选项

Selection Options （选择选项）对话框在任何拾取步骤中都是可以自动访问的。Selection Options 对话框中可以使用的选项，基于用户拾取的实体类型，进行自动的配置。如果用户仅拾取面，则在对话框的混合框中只有 Faces 出现。相似地，如果用户拾取一个单独的实体，则不能使用拖动形状和拖动范围按钮。作为结果，过程通常不需要明确地设置可使用性的选择选项。如果需要设置这些选项，则可以使用过程的 setSelctionOptions 方法。用户必须在创建第一个拾取步骤之前设置过程选择选项。更多的信息见《Abaqus GUI 工具包参考手册》。

正常情况是一个过程仅在过程开始时设置这些选项。

7.5.6　允许用户输入点

如果想要允许用户输入一个点的坐标来替代在视口中拾取，则可以调用 addPointKeyIn 方法并且给它传递一个元组关键字。addPointKeyIn 方法在提示行显示一个文本区域。传递给 assPointKeyIn 方法的关键字类型决定了从用户处所收集的值。例如，两个或者 3 个值，以及这些值是浮点的，还是整型的。例如，在用户的过程构造器中，用户可以像如下代码中所示的那样定义一个附加的关键字：

self. pointKw1 = AFXObjectKeyword(self. cmd , 'point' , True)

self. pointKw2 = AFXTupleKeyword(self. cmd , 'point' , True ,

　　3 , 3 , AFXTUPLE_TYPE_FLOAT)

在一个过程步骤中，可以添加一个通过选项，如下面所示：

step = AFXPickStep(self , self. pointKw1 , 'Select a point' ,

　　AFXPickStep. POINTS)

step. addPointKeyIn(self. pointKw2)

如果一个步骤有可键入的文本区域，则用户可以在该区域输入一些值，并且通过按 < Enter > 键来提交值，这些值将在命令中使用。另外，如果一个步骤有可键入的文本区域，并且用户选择视口中的实体，则在命令中将使用该实体，而不管是否在文本区域中输入了内容。基于这些规则，模式自动地照顾任何一个关键字的停用。在先前的例子中，如果用户输入了一个点，则 self. pointKwl 将停用并且将启用 self. pointKw2。此外，self. pointKw2 将包含用户输入的值。

7.5.7　通过角来拾取

总是在适当的时候启用通过面角或者通过边角来拾取。例如，当用户拾取面时，将启用通过面角来拾取。

7.5.8　AFXOrderedPickStep

AFXOrderedPickStep 是一个特殊的保留次序的拾取步骤，用户以此次序来拾取实体。例如，当拾取 4 个节点来创建一个四边形单元时，用户拾取节点的次序是重要的，并且在拾取过程中必须进行保存。用户必须一次拾取一个实体，并且不能拖曳选取它们。因为这是一个将拾取的实体作为一个单个的拾取来处理的单个步骤，所以用户不能备份任何单个的拾取。

步骤将连续地循环，直到用户单击了按钮两次。

7.5.9　预填充一个拾取步骤

在某些情况下，用户可能想对一个拾取步预填充一些选项。例如，创建一个对象，此过程中包括选取一个模型区域，用户想要允许用户编辑那个对象。在编辑过程中，用户想要预填充区域的选择步骤是在创建目标时制定的选取。通过对拾取步骤添加一组实体：

step = AFXPickStep(self, self. nodesKw, 'Select some nodes',

　　　　AFXPickStep. NODES, AFXPickStep. MANY, 1, AFXPickStep. ARRAY)

step. addNodeSetSelection('NodeSet − 1')

存在从几何模型组（addGeometrySetSelection）、单元组（addElementSetSelection）和面（addSurfaceSelection）添加实体的类似方法。当执行该步骤时，自动地亮显添加的实体，并且用户可以添加或者去除选择。

7.5.10　选取时的局限

对选取过程的限制如下。

● 不能拾取下面的实体：

组（Sets）。

面（surfaces）。

● 对于 ARRAY 的序列类型，不支持在同一时间拾取多种实体。例如，用户不能在同一个步骤中拾取节点和单元。

● 拾取特征或者实体不能与拾取其他类型的实体相结合。此外，不支持 ARRAY 的系列类型。

● 不支持排除已选实体中的实体。例如，当用户选取一个面时，Abaqus 也选取了被选取面的所有边。

● 不支持探测。

这些限制可能在今后的 Abaqus GUI 工具包版本中去除。

第 5 篇

GUI模块和工具包

本篇介绍了如何创建自己的模块和工具包，以及如何编辑一个现有的 Abaqus/CAE 模块或者工具包。本篇包含：

- 8　创建一个 GUI 模块
- 9　创建一个 GUI 工具包
- 10　自定义一个现有的模块或工具包

8 创建一个 GUI 模块

该部分介绍了如何创建一个 GUI 模块。该部分包括的内容如下：

- "创建一个 GUI 模块的概览"（8.1 节）
- "GUI 模块例子"（8.2 节）
- "注册一个 GUI 模块"（8.3 节）
- "转换到一个 GUI 模块"（8.4 节）

8.1 创建一个 GUI 模块的概览

为创建一个新的 GUI 模块，必须遵循下面的这些步骤：

- 从一个模块基础类上派生一个新类。
- 在菜单栏中创建菜单。
- 在工具栏上创建图标。该步骤是可选的。
- 在工具框上创建图标。该步骤是可选的。
- 创建模式来从用户处收集输入并且发出命令。模式包括过程和对话框。
- 创建方法来处理任何不受模块处理的特殊行为。此步是可选的。

8.2　GUI 模块例子

- "派生一个新模块类"（8.2.1 节）

- "树选项卡"（8.2.2 节）

- "菜单栏项目"（8.2.3 节）

- "工具栏项目"（8.2.4 节）

- "工具包项目"（8.2.5 节）

- "注册一个工具包"（8.2.6 节）

- "内核模块初始化"（8.2.7 节）

- "实例化 GUI 模块"（8.2.8 节）

AFXModuleGui 基础类提供不同的模块基础构架支持功能。例如，AFXModuleGui 基础类跟踪模块的菜单，以及工具栏和它的工具包图标。菜单、工具栏和图标可以随着用户改变模块而自动地换入和换出。

下面的例子显示了如何创建一个 GUI 模块：

```
from abaqusGui import *
from myModes import mode_1, mode_2, mode_3
from myIcons import *
from myToolsetGui import MyToolsetGui
class MyModuleGui(AFXModuleGui):
    # ~ ~ ~ ~ ~ ~ ~ ~ ~ ~ ~ ~ ~ ~ ~ ~ ~ ~ ~ ~ ~ ~ ~ ~ ~ ~ ~ ~ ~ ~ ~ ~
    def __init__(self):
    # Construct the base class
    #
    mw = getAFXApp().getAFXMainWindow()
    AFXModuleGui.__init__(self, moduleName = 'My Module',
        displayTypes = AFXModuleGui.PART)
    mw.appendApplicableModuleForTreeTab('Model',
        self.getModuleName())
    mw.appendVisibleModuleForTreeTab('Model',
        self.getModuleName())
    # Menu items
    #
    menu = AFXMenuPane(self)
    AFXMenuTitle(self, '&Menu1', None, menu)
    AFXMenuCommand(self, menu, '&Item 1', None, mode_1,
        AFXMode.ID_ACTIVATE)
    subMenu = AFXMenuPane(self)
    AFXMenuCascade(self, menu, '&Submenu', None, subMenu)
    AFXMenuCommand(self, subMenu, '&Subitem 1', None, mode_2,
        AFXMode.ID_ACTIVATE)
    # Toolbar items
    #
    group = AFXToolbarGroup(self)
    icon = FXXpmIcon(getAFXApp(), iconData1)
    AFXToolButton(group, '\tTool Tip', icon, mode_1,
        AFXMode.ID_ACTIVATE)
    # Toolbox items
    #
    group = AFXToolboxGroup(self)
```

```
        icon = FXXPMIcon(getAFXApp(),iconData2)
        AFXToolButton(group,'\tTool Tip',icon,mode_1,
            AFXMode. ID_ACTIVATE)
        popup = FXPopup(getAFXApp(). getAFXMainWindow())
        AFXFlyoutItem(popup,'\tFlyout Button1',squareIcon,
            mode_1,AFXMode. ID_ACTIVATE)
        AFXFlyoutItem(popup,'\tFlyout Button 2',circleIcon,
            mode_2,AFXMode. ID_ACTIVATE)
        AFXFlyoutItem(popup,'\tFlyout Button 3',triangleIcon,
            mode_3,AFXMode. ID_ACTIVATE)
        AFXFlyoutButton(group,popup)
        # Register toolsets
        #
        self. registerToolset(MyToolsetGui(),
            GUI_IN_MENUBAR | GUI_IN_TOOL_PANE)
        # ~ ~ ~ ~ ~ ~ ~ ~ ~ ~ ~ ~ ~ ~ ~ ~ ~ ~ ~ ~ ~ ~ ~ ~ ~ ~ ~ ~ ~ ~ ~ ~
        def getKernelInitializationCommand(self):
            return 'import myModule'
# Instantiate the module
#
MyModuleGui()
```

8.2.1　派生一个新模块类

为创建自己的 GUI 模块，用户通过从 AFXModuleGui 基础类派生一个新类来开始。如果存在另外一个 GUI 模块类，提供了用户所需要的大部分的功能，则也可以从那个类派生开始，并且做一些修改。

在新类的构造器体内，必须调用基础类构造器并且传递 self 作为第一个参数。moduleName 是一个 GUI 基础构架用来识别此模块的字符串。displayTypes 是指定在此模块中出现的对象类型的标识或者多个标识。可能的值是 AFXModuleGui. PART、AFXModuleGui. ASSEMBLY、AFXModule-Gui. ODBA、FXModuleGui. ODB、AFXModuleGui. XY_PLOT 和 AFXModuleGui. SKETCH。如果指定 AFXModuleGui. ASSEMBLY，则模块必须导入装配内核模块，因为初始化一些装配显示选项要求装配内核模块。更多的信息见 8.2.7 节。

8.2.2　树选项卡

默认情况下，当用户转换成一个自定义模块时，TreeToolsetGui 中的选项卡是不可见的。

要指定选项卡应当是可见的，或者对于一个模块是可应用的，使用 appendApplicableModule-ForTreeTab 和 appendVisibleModuleForTreeTab 方法。如果用户在零件模块（Part module）中并且转换成我的模块（My Module），则将隐藏 Result 选项卡；如果 Model 选项卡并非是当前的，则 Model 将作为当前的选项卡。

8.2.3　菜单栏项目

菜单栏项目包含一个控制菜单顶边的标题。菜单命令是调用模式的按钮。

子菜单中的菜单命令指定了模式，菜单命令将通过给该模式发送启用信息的方法来调用。更多的信息见 7.2 节。图 8-1 显示了创建的菜单。

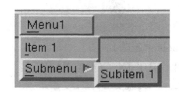

图 8-1　创建菜单

8.2.4　工具栏项目

工具栏项目显示在主窗口之上、菜单栏之下，并且由包含一个图标的按钮组成。工具栏项目以组的方式安放，仅当它的模块或者工具包处在当前时才显示。组也包含一个分隔器，提供一个与其他工具栏中的图标组可见的隔离。

8.2 节创建了一个工具栏组，并且向工具栏添加了一个按钮。在例子中，新按钮调用的模式与通过第一个菜单项调用的模式相同。更多的信息见 7.2 节。

8.2.5　工具包项目

工具包项目沿着主窗口的左边显示，并且由包含一个图标的按钮组成。如同工具栏项目那样，工具包项目作为一个组来放置，仅当它的模块或者工具组处在当前时才显示。类似地，工具包组是空间分离的，来提供一个与工具包中的其他图标组可见的区分。

在 8.2 节的例子中，新按钮调用了与第一个菜单项目一样的模式。

工具包也可以包含浮动菜单。当用户在浮动按钮上单击鼠标左键并且保持它按下一定的时间时，则浮动按钮显示了一个包含按钮的弹出菜单。如果用户只是在浮动按钮上快速地单击鼠标左键，则不显示浮动弹出菜单并且浮动按钮作为一个正常的按钮动作。一个浮动按钮的图标是当前的功能和右下角中的一个三角形。图 8-2 显示了由例子创建的浮动按钮。

图 8-2　工具栏浮动按钮

8.2.6　注册一个工具包

模块可以通过注册工具包来简单地包括它们。与一个模块注册到一起的工具包，将在那个模块是当前模块时变成可以访问的状态。要注册一个工具包，则为工具包提供一个指针和字节标识，字节标识指定工具包在 GUI 的哪里定义了组件，GUI 中的位置见表 8-1。

表 8-1　标识在 GUI 中的位置

标　识	GUI 中的位置
GUI_IN_NONE	工具包没有在标准位置中的组件
GUI_IN_MENUBAR	工具包在菜单栏中具有组件
GUI_IN_TOOL_PANE	工具包在 Tools 菜单下拉顶边中具有组件
GUI_IN_TOOLBAR	工具包在工具栏中具有组件
GUI_IN_TOOLBOX	工具包在工具框中具有组件

8.2 节中的例子注册了一个在主菜单栏和 Tools 菜单中包含单元的工具包。

如果没有在已经创建了一些 GUI 组件的区域中指定标识，则不会在应用中显示那些组件。

8.2.7　内核模块初始化

通常，一个 GUI 模块设计成为一个内核模块提供接口。在 GUI 从用户那里收集输入后，它构建一个命令字符串，用来发送给内核进行处理。为了内核侧能够识别出命令，必须在发送命令之前导入合适的内核模块。

当第一次加载一个 GUI 模块时，执行了一个特殊方法，称为 getKernelInitializationCommand。该方法在基础类执行中是空的，并且取决于用户来写一个返回正确命令的方法，该命令将在内核侧导入合适的模块。合适的模块包括用户的 GUI 模块可以发送命令的任何模块。如果要求多个模块，则可以通过分号或者 "\ n" 字符来分隔声明。为了避免名称空格与 Abaqus 加载的模块冲突，应当使用 import moduleName 样式来导入模块，而不是 from moduleName import* 样式，如 8.2 节中的例子所显示的那样。

8.2.8　实例化 GUI 模块

在 GUI 模块代码中的最后步骤是构建模块。用户可以通过在 GUI 模块文件的结尾调用模块构造器来构建模块，这样将构建所有在构造器体内定义的对象。例如：

MyModuleGui( )

8.3　注册一个 GUI 模块

为了 GUI 基础构架能够访问 GUI 模块，必须在主窗口代码中注册模块。注册命令包含两个参数：一个是 CAE 中的 Module 混合框中显示的名称，另外一个是指定要导入的模块名称。更多的信息见 14.2.5 节。在大部分情况下，用户通过在 GUI 模块文件的结尾调用模块构造器，在主窗口代码中注册模块。

如 8.2 节中显示的例子，驻留的文件名字为 myModuleGui. py，myModuleGui 必须作为 registerModule 方法的第二个参数如下所示：

```
# Register modules
#
self. registerModule (
          displayedName = 'My Module', moduleImportName = 'myModuleGui')
```

8.4　转换到一个 GUI 模块

当用户从上下文栏中的 Module 列表中选择了一个模块时，GUI 基础构架执行如下：

● 调用当前 GUI 模块的 deactivate 方法。

● 调用用户选择的 GUI 模块的 activate 方法。

如果在进入或者离开一个模块时，需要执行任何特殊的进程，则可以编写用户自己的 activate 或 deactivate 方法。如果当用户改变模块时，用户需要给内核发出一个命令，则必须使用 AFXModuleGui 对象的 sendCommandString 方法来发出命令。如果没有使用 sendCommandString 方法，则当试图处理命令时，将搁置应用。用户应当将调用 sendCommandString 方法的语句封装进一个 try 块中，来捕获任何内核命令生成的意外。

使用一个脚本来转换 GUI 模块，则可以使用 switchModule 方法。如果想要在应用启动时转换模块，则可以向应用启动文件添加下面的行：

switchModule('My Module')

此行应当就在 app. run（）语句之前出现。

用户可以使用 setSwitchModuleHook（function）方法来设置回收函数，该回收函数将在用户转换到一个 GUI 模块时进行调用。用户每一次转换成 GUI 模块，将调用用户的函数并且模块的名字将传入函数中。例如：

```
def onModuleSwitch(moduleName):
    if moduleName == 'Part':
        # Do part module tasks
    elif moduleName == 'Mesh':
        # Do mesh module tasks
    etc.
setSwitchModuleHook(onModuleSwitch)
```

9 创建一个 GUI 工具包

工具包与模块是相似的。工具包通常具有比模块少的功能，因为工具包专注于一个特定的任务，如划分。该部分介绍如何创建一个 GUI 工具包。该部分包括的内容如下：

- "创建一个 GUI 工具包的概览"（9.1 节）
- "GUI 工具包例子"（9.2 节）
- "创建工具包组件"（9.3 节）
- "注册工具包"（9.4 节）

9.1　创建一个 GUI 工具包的概览

创建一个新 GUI 工具包，必须遵循以下步骤：

- 从工具包基础类派生一个新类。
- 在菜单栏创建菜单。该步骤是可选的。
- 在工具（Tools）菜单中创建项目。该步骤是可选的。
- 在工具栏中创建按钮。该步骤是可选的。
- 在工具包中创建按钮。该步骤是可选的。
- 创建模式来从用户那里收集输入并发出命令。

9.2 GUI 工具包例子

AFXToolsetGui 基础类提供不同的工具包基础构架支持功能。例如，AFXToolsetGui 基础类跟踪一个工具包中的菜单，连同工具栏和工具包按钮，这样它们可以随着用户改变模块而自动地换入和换出。要创建自己的工具包 GUI，通过从 AFXToolsetGui 类派生来开始。另外，如果存在另一个模块 GUI 类，提供用户想要的大部分的功能，则可以通过从那个类派生来开始，然后做修改。

下面的例子显示了如何从 AFXToolsetGui 派生创建一个新工具包类：

```
from abaqusGui import *
class MyToolsetGui( AFXToolsetGui) :
# ~ ~ ~ ~ ~ ~ ~ ~ ~ ~ ~ ~ ~ ~ ~ ~ ~ ~ ~ ~ ~ ~ ~ ~ ~ ~ ~ ~ ~ ~ ~ ~ ~
def __init__( self) :
    # Construct the base class
    #
AFXToolsetGui. __init__( self, toolsetName)
. . .
```

在新类的构造器中，调用基础类的构造器。AFXToolsetGui 类具有下面的参数：

toolsetName

一个指定工具包名称的字符串。工具包名称为工具包提供一个身份。

9.3　创建工具包组件

采用在一个模块中创建项目的相同方法，在一个工具包中创建菜单、工具栏和工具框项目。当用户在一个模块中创建菜单、工具栏和工具包项目时，模块作为父来使用。相比而言，当用户创建像菜单顶边那样的工具包组件时，工具包作为工具包组件的父来使用。工具包作为父来使用，是因为当工具包从 GUI 换入和换出时，组件需要通过工具包来管理。

9.4　注册工具包

可以使用主窗口或者模块来注册工具包。如果使用主窗口来注册工具包，则工具包将贯穿整个工作阶段。例如，File（文件）工具包在 Abaqus/CAE 工作阶段总是可以使用的。相反，如果用户使用一个模块注册工具包，则工具包将随着模块的菜单和图标换入和换出。例如，在 Abaqus/CAE 中，Datum（平面）工具包仅在一些选取的模块中是可以使用的。更多的信息见 8.2.6 节。

10 自定义一个现有的模块或工具包

该部分如何对一个现有的模块或者工具包进行不同的更改。该部分包括的内容如下：

- "更改和访问 Abaqus/CAE GUI 模块和工具包"（10.1 节）
- "文件工具包"（10.2 节）
- "树工具包"（10.3 节）
- "选取工具包"（10.4 节）
- "帮助工具包"（10.5 节）
- "自定义工具包的例子"（10.6 节）

10.1 更改和访问 Abaqus/CAE GUI 模块和工具包

- "Abaqus/CAE GUI 模块和工具包"（10.1.1 节）
- "访问 Abaqus/CAE 功能"（10.1.2 节）

派生一个新的类来创建更改的 Abaqus/CAE 模块和工具包，允许自定义现有的功能，而不需要改变原来的功能。也可以从新对话框中访问已经存在的 Abaqus/CAE 功能。新对话框是用户使用 Abaqus GUI 工具包创建的。

10. 1. 1　Abaqus/CAE GUI 模块和工具包

　　Abaqus GUI 工具包设计成允许添加自己的模块和工具包。一般说不推荐用户更改 Abaqus/CAE 模块和工具包，因为 Abaqus/CAE 未来的改变可能"中断"用户的应用。如果用户确实需要更改一些 Abaqus/CAE 的模块或者工具包，则可以从它们中的一个派生出新类，然后添加或者去除组件。

　　要派生一个新类，必须知道适合的类名，并且必须在用户的构建器中调用那个类的构造器。表 10-1 列出了类名和在 Abaqus GUI 工具包中可以使用的所有 Abaqus/CAE 模块的注册名。用户可以从 abaqusGui 导入这些类名。

　　当用户注册了一个来自从 Abaqus/CAE 诸多模块的一个派生模块时，必须为主窗口的 registerModule 方法中的 displayedName 参数使用表中显示的名称。如果用户不使用显示的名称，则某些 GUI 基础构架组件可能无法正常工作。

表 10-1　类名和在 Abaqus GUI 工具包中可以使用的所有 Abaqus/CAE 模块的注册名

类　名	名　字
PartGui	"Part"
PropertyGui	"Property"
AssemblyGui	"Assembly"
StepGui	"Step"
InteractionGui	"Interaction"
LoadGui	"Load"
MeshGui	"Mesh"
OptimizationGui	"Optimization"
JobGui	"Job"
VisualizationGui	"Visualization"
SketchGui	"Sketch"

　　当用户注册一个工具包时，必须在 registerToolset 方法中指定（菜单栏、工具栏或者工具框）工具包创建窗口部件的位置。如果用户省略了一个工具包位置标识，则那个工具包的 GUI 将不在那个位置中出现。表 10-2 显示了每一个 Abaqus/CAE 工具包的类名，以及说明工具包创建窗口部件位置的标识。可以从 abaqusGui 导入这些类名。

　　要注册插件工具包，可以调用 registerPluginToolset（），不要使用 registerToolset 方法。

　　当注销一个工具包时，必须使用表 10-2 中所示的名称作为模块的 unregisterToolset 方法的参数。

表 10-2　每一个 Abaqus/CAE 工具包的类名，以及说明工具包创建窗口部件的位置

类　　名	名　　名	工具包位置
AmplitudeToolsetGui	"Amplitude"	GUI_IN_TOOL_PANE
AnnotationToolsetGui	"Annotation"	GUI_IN_MENUBAR │ GUI_IN_TOOLBAR
CanvasToolsetGui	"Canvas"	GUI_IN_MENUBAR
CustomizeToolsetGui	"Customize"	GUI_IN_TOOL_PANE
DatumToolsetGui	"Datum"	GUI_IN_TOOLBOX │ GUI_IN_TOOL_PANE
EditMeshToolsetGui	"Mesh Editor"	GUI_IN_TOOLBOX │ GUI_IN_TOOL_PANE
FileToolsetGui	"File"	GUI_IN_MENUBAR │ GUI_IN_TOOLBAR
HelpToolsetGui	"Help"	GUI_IN_MENUBAR │ GUI_IN_TOOLBAR
ModelToolsetGui	"Model"	GUI_IN_MENUBAR
PartitionToolsetGui	"Partition"	GUI_IN_TOOLBOX │ GUI_IN_TOOL_PANE
QueryToolsetGui	"Query"	GUI_IN_TOOLBAR │ GUI_IN_TOOL_PANE
RegionToolsetGui	"Region"	GUI_IN_TOOL_PANE
RepairToolsetGui	"Repair"	GUI_IN_TOOLBOX │ GUI_IN_TOOL_PANE
SelectionToolsetGui	"Selection"	GUI_IN_TOOLBAR
TreeToolsetGui	"Tree"	GUI_IN_MENUBAR
ViewManipToolsetGui	"View Manipulation"	GUI_IN_MENUBAR │ GUI_IN_TOOLBAR

下面的语句显示了如何将自己的工具包添加到 Visualization 模块中：

```
# File myVisModuleGui. py：
    from abaqusGui import *
    from myToolsetGui import MyToolsetGui
    class MyVisModuleGui(VisualizationGui)：
        def __init__(self)：
            # Construct the base class.
            #
            VisualizationGui. __init__(self)
            # Register my toolset.
            #
            self. registerToolset(MyToolsetGui(),
                GUI_IN_MENUBAR │ GUI_IN_TOOLBOX)
    MyVisModuleGui()
# File myMainWindow. py：
    from abaqusGui import *
    class MyMainWindow(AFXMainWindow)：
        def __init__(self, app, windowTitle = '')：
            ...
            self. registerModule('Visualization',
```

'myVisModuleGui')

. . .

如果从一个 Abaqus/CAE 工具包派生一个工具包，则必须使用 AFXMainWindow 的 makeCustomToolsets 方法来构建此工具包。用户必须使用 makeCustomToolsets 方法来确保在应用启动中，在合适的时候创建工具包。这样将避免与同样使用该模块的 Abaqus/CAE 模块相冲突。如果从 Datum 工具包派生了一个新的工具包，则必须在 makeCustomToolsets 中创建新的工具包。下面的例子说明了此方法。新工具包也在 Part 模块中出现，代替标准的 Datum 工具包。

```
# In your main window file：
    class MyMainWindow(AFXMainWindow)：
        def__init__(self, app, windowTitle = '')：
    . . .
        def makeCustomToolsets(self)：
            from myDtmToolsetGui import MyDtmGui
            # 如果用户想要在用户模块中注册工具包,则工具包作为主窗口
            # 一个成员进行存储
            #
                self. myDtmGui = MyDtmGui()
            # In your module GUI file：
                class MyModuleGui(AFXModuleGui)：
                    def__init__(self)：
                    . . .
                    mw = getAFXApp(). getAFXMainWindow()
                    self. registerToolset(mw. myDtmGui,
                        GUI_IN_TOOL_PANE | GUI_IN_TOOLBOX)
```

10. 1. 2　访问 Abaqus/CAE 功能

如果想要从自己的对话框中推出一个 Abaqus/CAE 功能，则可以通过将合适的目标和选择器与自己的一个按钮连接起来实现。可以通过使用主窗口的 getTargetFormFunction 和 getSelectorFromFunction 方法来得到一个特定功能的目标和选择器。例如：

```
mainWindow = getAFXApp(). getAFXMainWindow()
target = mainWindow. getTargetFromFunction('Part − > Create')
selector = mainWindow. getSelectorFromFunction('Part − > Create')
FXButton(self, 'Create Part. . . ', tgt = target, sel = selector)
```
有效的功能名称列表可以在 Tools→Customize 对话框中的 Functions 功能卡中找到。

10.2　文件工具包

文件工具包包含一个叫作 getPrintForm 的方法，允许用户访问发布 Print 对话框的表格。

　　此外，Abaqus GUI 工具包提供两个虚拟方法，当打开数据库时，用户可以更改自己的应用行为。正常情况下，在打开了一个输出数据库后，Abaqus/CAE 将进入 Visualization 模块。类似地，如果在 Visualization 模块中打开了一个模型数据库，则 Abaqus/CAE 进入了列表中的第一个模块。该模块列在上下文栏中的 Module 列表中。要改变此行为，用户可以覆盖 switchToOdbModule 和 switchToMdbModule 方法。这些方法如果成功将返回 True。例如：

```
from abaqusGui import*
class MyFileToolsetGui( FileToolsetGui) :
    def switchToMdbModule( self) :
        # Always switch to the Property module
        currentModuleGui = getCurrentModuleGui( )
        if currentModuleGui and\
            currentModuleGui. getModuleName( )! = 'Property' :
                switchModule( 'Property' )
        return True
    def switchToOdbModule( self) :
        # Do not switch modules
        return True
```

10.3 树工具包

树工具包提供一个标签区，该标签区包含 Abaqus/CAE 中的模块树（Model Tree）和结果树（Results Tree）。树工具包包含可以用来自定义标签区外观的下面方法：

- makeModelTab 方法创建包含模块树的标签。标签的名称是"Model"。
- makeMaterialLibraryTab 方法创建包含材料库的标签。标签的名称是"Material Library"。
- makeResultsTab 方法创建包含结果树的标签。标签的名称是"Results"。
- makeTabs 方法调用所有的上面列出的方法。

此外，主窗口具有一个 appendTreeTab 方法，在标签域创建一个新标签项目，并且返回一个垂直框架，在此框架中可以添加窗口部件。如果想要在模块和结果标签之后简单地添加一个标签，则可以从用户的自定义代码中使用 appendTreeTab。如果想要改变标签的次序或者去除一个标准的标签，则必须从树工具包中派生自己的工具包。例如：

```
class MyTreeToolsetGui(TreeToolsetGui):
    def makeTabs(self):
        self.makeModelTab()
        self.makeMyTab()
        self.makeMaterialLibraryTab()
        self.makeResultsTab()
    def makeMyTab(self):
        vf = getAFXApp().getAFXMainWindow().appendTreeTab(
            'My Tab','My Tab')
        FXLabel(vf,'This is my tab item')
```

appendTreeTab 方法的第一个参数是用户想要在标签按钮中显示的文本。第二个参数是标签的名称，目的是在不同的应用编程界面中用于识别，如 setCurrentTreeTab（名称）。

默认情况下，当创建一个标签时，它将在所有模块中可见，并且它将对于所有模块是可应用的。如果不想标签对于所有模块是可见的或者可应用的，则可以使用 setApplicabilityForTreeTab 和 setVisibilityForTreeTab 方法。当用户转换到一个新模块时，应用将检查当前的标签对于新模块是否是可见的或者可应用的。如果标签不可见，将隐藏它。如果它是不可应用的，则应用将搜寻对新模块可应用的第一个标签，并且使那个标签作为当前的标签。例如：

```
def makeMyTab(self):
    vf = getAFXApp().getAFXMainWindow().appendTreeTab(
        'My Tab','My Tab')
    getAFXApp().getAFXMainWindow().setApplicabilityForTreeTab(
        'My Tab','Part,Property')
    getAFXApp().getAFXMainWindow().setVisibilityForTreeTab(
        'My Tab','Part,Property')
    FXLabel(vf,'This is my tab')
```

在这种情况下，当用户在零件（Part）模块中时，将显示 My Tab。如果用户单击 My Tab 使得它成为当前的，并且接着转换到属性（Property）模块，则 My Tab 将保持可见和当前的。如果用户转换到步（Step）模块，则将隐藏 My Tab 并且 Model 标签将成为当前的（因为已经将它定义成对于所有模块是可应用的，除了显示（Visulization）模块外）。

10.4 选取工具包

选取工具包提供在任何过程外的选取能力。换言之，它允许用户选取对象并且接着调用一个过程，替代调用过程以及接着选取对象。每一个模块定义一组可以在那个模块中被选取的实体。如果创建了自己的模块，则当模块启动时，则应当设置合适的可选取实体。可以使用主窗口的 getToolset 方法来得到选取工具包，并且接下来使用选取工具包的 setFilterType 方法。

- setFilterTypes（types，defaultType）

为 type 和 defaultType 参数使用下面的标识：

- SELECTION_FILTER_NONE。
- SELECTION_FILTER_ALL。
- SELECTION_FILTER_VERTEX。
- SELECTION_FILTER_EDGE。
- SELECTION_FILTER_FACE。
- SELECTION_FILTER_CELL。
- SELECTION_FILTER_DATUM。
- SELECTION_FILTER_REF_POINT。
- SELECTION_FILTER_NODE。
- SELECTION_FILTER_ELEMENT。
- SELECTION_FILTER_FEATURE。

例如：

```
class MyModuleGui( AFXModuleGui):
    ...
    def activate( self):
        toolset = getAFXApp( ). getAFXMainWindow( ). getToolset(
            'Selection')
        toolset. setFilterTypes(
            SELECTION_FILTER_CELL | SELECTION_FILTER_FACE,
            SELECTION_FILTER_FACE)
        AFXModuleGui. activate( self)
```

10.5　帮助工具包

帮助工具包包含特殊的方法，允许向 About Abaqus 对话框添加自己的图标和版权信息。自定义的应用必须显示由 Abaqus/CAE 或者 Abaqus/Viewer 显示的标准版权信息。此外，可以使用下面的方法在 About Abaqus 对话框的顶部自定义版权信息：

- setCustomCopyrightStrings（customCopyrightVersion，customCopyrightInfo）。
- setCustomLogoIcon（logoIcon）。

例如：

```
from abaqusGui import *
from sessionGui import HelpToolsetGui
from myIcons import *
...
class MyMainWindow(AFXMainWindow):
    def_init_(self, app, windowTitle = '')
        ...
        # Add custom copyright info to the About Abaqus dialog.
        #
        helpToolset = HelpToolsetGui()
        product = getAFXApp().getProductName()
        major, minor, update = getAFXApp().getVersionNumbers()
        prerelease = getAFXApp().getPrerelease()
        if prerelease:
            release = '%s %s. %s - PRE%s' % (
                product, major, minor, update)
        else:
            release = '%s %s. %s - %s' % (
                product, major, minor, update)
        info = 'Copyright 2003 \nMy Company'
        helpToolset.setCustomCopyrightStrings(release, info)
        icon = FXXPMIcon(app, myIconData)
        helpToolset.setCustomLogoIcon(icon)
        self.registerHelpToolset(helpToolset, GUI_IN_MENUBAR)
```

另外一个在用户的应用中提供帮助的途径是，使用特殊的方法允许用户在一个网页浏览器中张贴一个 URL。例如：

```
from uti import webBrowser
status = webBrowser.displayURL('http://www.3ds.com/simulia')
status = webBrowser.openWithURL(
    'file://D:/users/someUser/someFile.html')
```

用户可以使用任何有效的 URL 句法，如"http"或者"file。"displayURL 将在当前打开的浏览器中显示 URL（如果没有，它将打开一个新的窗口）。openWithURL 将总是打开一个新的浏览器，不会抛出任何异常，但是为了成功，用户可以检查这些方法的返回状态。

10.6　自定义工具包的例子

为更改一个现有的工具包，从该工具包派生一个新的类开始。要更改工具包中的窗口部件，需要能够访问它们。下面的 Abaqus GUI 工具包中的函数允许用户访问一个窗口部件：

● getWidgetFromText（widget，text）：getWidgetFromText 函数返回一个窗口部件，它的标签提示文本与指定的文本相匹配，并且也是一个指定窗口部件的子。例如，下面的叙述返回的窗口部件匹配 File 菜单中的 Save As…：

saveAsWidget = getWidgetFromText(fileMenu,'Save As...')

● getSeparator（widget，index）：getSeparator 函数返回了指定窗口部件的 n^{th} 分离器，其中 n 是通过基于 1 的指数指定的。例如，下面的叙述返回了 File 菜单中的第二个分离器：

separatorWidget = getSeparator(fileMenu,2)

下面的例子显示了如何可以更改 File 工具包 GUI。图 10-1 显示了示例脚本运行前和运行后的 File 菜单。

图 10-1 示例脚本运行前和运行后的工具包和 File 菜单

```
from sessionGui import FileToolsetGui
from myIcons import boltToolboxIconData
from myForm import MyForm
class MyFileToolsetGui(FileToolsetGui):
    # ~ ~ ~ ~ ~ ~ ~ ~ ~ ~ ~ ~ ~ ~ ~ ~ ~ ~ ~ ~ ~ ~ ~ ~ ~ ~ ~ ~ ~ ~ ~ ~ ~
    def __init__(self):
        # Construct the base class.
        #
        FileToolsetGui.__init__(self)
        # Remove unwanted items from the File menu,
        # including the second separator.
```

```
#
menubar = getAFXApp( ). getAFXMainWindow( ). getMenubar( )
menu = getWidgetFromText( menubar, 'File'). getMenu( )
getWidgetFromText( menu, 'New'). hide( )
getWidgetFromText( menu, 'Save'). hide( )
getWidgetFromText( menu, 'Save As. . . '). hide( )
getSeparator( menu, 2). hide( )
# Remove unwanted items from the toolbar
#
toolbar = self. getToolbarGroup( 'File')
getWidgetFromText( toolbar, 'New Model \nDatabase'). hide( )
getWidgetFromText( toolbar, 'Save Model \nDatabase'). hide( )
# Add an item to the File menu just above Exit
#
btn = AFXMenuCommand( self, menu, 'Custom Button. . . ',
    None, MyForm( self), AFXMode. ID_ACTIVATE)
sep = getSeparator( menu, 6)
btn. linkBefore( sep)
# Rename the File menu
#
fileMenu = getWidgetFromText( menubar, 'File')
fileMenu. setText( 'MyFile')
# Change a toolbar button icon
#
btn = getWidgetFromText( toolbar, 'Open')
icon = FXXPMIcon( getAFXApp( ), boltToolboxIconData)
btn. setIcon( icon)
```

此示例脚本对下面进行了说明：

派生一个新工具包类

为更改一个工具包 GUI，通过从其派生一个新类来开始。在新类构造器体内，必须调用基础类构造器并且传入自身作为第一个参数。

从一个菜单或者工具包删除项目

用户可以通过隐藏项目来从一个菜单删除它们。用户使用 getWidgetFromText 或者 getSeparator 函数来得到窗口部件，并且调用 hide 方法来删除它们。

对一个菜单添加项目

用户可以通过创建新菜单命令来在一个现有的菜单中插入项目，并且使用 linkBefor 或者 linkAfter 方法来布置它们。

重命名项目和改变图标

用户可以通过调用 setText 或者 setIcon 方法来改变与窗口相关联的文本或者图标。

第 6 篇

创建一个自定义的应用

本篇介绍了如何创建自定义应用。本篇包含：

- 11　创建一个应用
- 12　应用对象
- 13　主窗口
- 14　自定义主窗口

11 创建一个应用

该部分介绍了如何创建一个应用。该部分包括的内容如下：

- "设计概览"（11.1 节）
- "启动脚本"（11.2 节）
- "许可证和命令行选项"（11.3 节）
- "安装"（11.4 节）

11.1　设计概览

一个应用由以下两个基本部分组成：

● 内核代码。

● GUI 代码。

内核代码由 Python 模块组成，Python 模块包含执行不同任务的函数和类。例如，创建零件或者后处理结果。

为建立 GUI 代码，从一个启动脚本开始，启动脚本从命令行启动应用。脚本创建一个应用对象，与窗口管理互动并且控制一个主窗口。主窗口提供诸如菜单栏、工具栏和工具包那样的部件。这样，通过注册模块和工具包来将功能添加到应用程序。

模块和工具包是集结功能来展示给用户的途径。例如，Abaqus/CAE 中的 Part 模块集结所有与创建和编辑零件有关的功能。可以在用户的应用中包括 Abaqus/CAE 模块和工具包，并且用户可以编写自己的模块和工具包来提供自定义的功能。

窗口部件库提供对各种各样 GUI 控制的访问，使用这些 GUI 控制来建立对话框（如推送按钮、检查按钮和文本区域）。GUI 代码的概览如图 11-1 所示。

图 11-1　GUI 代码的概览

11.2　启动脚本

每一个应用是从一个简短的启动脚本开始的。启动脚本执行下面的任务：

● 初始化一个应用对象。应用对象负责高层级功能，例如管理消息序列和时钟及更新GUI，并且控制主窗口。它不是一个可见的对象。

● 实例化一个主窗口。主窗口是当应用开始启动时的用户所见，并且提供对所有应用功能的访问。

● 创建并且运行应用。一旦应用运行，它就进入一个事件循环，等待对用户输入做出反应，如单击鼠标。

下面说明了一个典型的启动脚本。

```
from abaqusGui import *
import sys
from caeMainWindow import CaeMainWindow
#Define a custom callback,myStartupCB( ),that will be invoked
#once the application has finished its startup processing
#
def myStartupCB( ):
    from myStartupDB import MyStartupDB
    db = MyStartupDB( )
    db. create( )
    db. show( )
# Initialize the application object
#
app = AFXApp( 'Abaqus/CAE', 'SIMULIA' )
app. init( sys. argv )
# Construct the main window
#
CaeMainWindow( app )
# Create the application
#
app. create( )
# Register the custom startup callback
#
# NOTE：This call must be made after app. create( )
setStartupCB( myStartupCB )
#Run the application
#
app. run( )
```

代码中的第一个语句从 abaqusGui 模块导入了所有的构造器，包括 AFXApp 构造器。abaqusGui 模块包含对整个 Abaqus GUI 工具包的访问。还导入了 sys 模块，因为需要它将参数传入应用的 init 方法。在脚本导入 sys 模块后，它导入主窗口构造器。

　　将该启动脚本定制成包括一个启动返回函数，在应用启动后显示一个自定义的对话框，MyStartupDB。在导入语句后、应用初始化之前定义了返回。

　　应用构造器创建对象需要的所有数据结构，并且 app. create（）语句创建了应用对象要求的所有 GUI 窗口。接下来，注册了自定义回收启动函数。

　　app. run（）语句显示了应用，包括自定义启动对话框，接着进入一个事件循环，然后事件循环等待用户互动。

　　当启动用户的自定义应用时，用户可以在 Abaqus/CAE 执行进程中使用- noStartup 功能来防止 Abaqus/CAE 显示它自己的启动对话框。更多的信息见《Abaqus 分析用户手册》的 3. 2. 6 节。

11.3　许可证和命令行选项

前面部分中描述的启动脚本是通过在命令行将脚本的名称指定成- custom 选项参数的方法来运行的。为了启动用户的应用，输入：

abaqus cae-custom startupScript

abaqus viewer-custom startupScript

其中 startupScript 是应用的启动脚本名称，并且不包括文件扩展名。用户负责确保脚本在一个 PYTHONPATH 环境变量指定的目录中，而 PYTHONPATH 环境变量在 abaqus. aev 文件中定义。

abaqus 命令的第一个参数指定核查的许可证类型。指定 abaqus cae 将核查出叫作 cae 的标记。cae 标记将给予用户所有 Abaqus/CAE 内核模块的通路。指定 abaqus viewer 将核查出叫作 viewer 的标记，viewer 标记将仅给予用户可视化内核模块的通路。这样，如果用户的应用需要导入任何 Visualization 模块之外的 Abaqus 模块，则必须核查出一个 cae 标记。

11.4　安装

可以使用简单的语法来启动一个已经在现场安装的应用。安装一个应用的步骤如下：

● 对 abaqus_dir/SMA/site/abaqus. app 文件添加一个入口，其中 abaqus_dir 是安装 Abaqus 的目录名字。让用户确定 abaqus_dir 位置，在操作系统提示行上输入 abaqus whereami。

abaqus. app 文件中的入口格式是

applicationName cae-| viewer-custom startupScript

其中 applicationName 是用户必须在命令行指定的，用来启动应用的名称。

第二个参数确定了应用将检查出的标记类型——cae 或者 viewer。

startupScript 是没有任何扩展名的启动脚本的名字。脚本必须位于一个在 PYTHONPATH 环境变量中指定的目录中。applicationName 和 startupScript 可以是相同的。

● 编辑 abaqus_dir/SMA/site/abaqus. aev 文件。用户必须将包含自定义脚本的目录添加到 PYTHONPATH 环境变量的定义中。按照约定，自定义脚本位于 abaqus_dir/customApps 以下的目录中。用户应当在 PYTHONPATH 定义的结尾附近，并且是在当前目录（.）的前面添加目录。这样将确保不会覆盖 PYTHONPATH 定义中任何存在的设置。

为保持用户的应用路径便捷和通用，应当使用一个环境变量来指定路径的根。对于一个标准的 Abaqus 安装，$ ABA_HOME 环境变量将目录指向到 abaqus_dir。可以使用 $ ABA_HOME 环境变量来指定包含用户自定义脚本的目录。例如：

$ABA_HOME/customApps/myApp

如果要包括上面的 PYTHONPATH 中所示的 myApp 目录，应当改变 abaqus. aev 中的 PY-THONPATH 定义，从

PYTHONPATH

$ABA_HOME/cae/Python/Lib：$ABA_HOME/cae/Python/Obj：

$ABA_HOME/cae/exec/lbr：. ：$PYTHONPATH

到

PYTHONPATH

$ABA_HOME/cae/Python/Lib：$ABA_HOME/cae/Python/Obj：

$ABA_HOME/cae/exec/lbr：$ABA_HOME/customApps/myApp：

. ：$PYTHONPATH

● 在 UNIX 系统和 Windows 系统之间存在语法差异。默认情况下，Abaqus 使用 UNIX 语法，如果应用是在一个 Windows 平台上运行的，则自动地将 UNIX 语法转换成 Windows 语法。如果需要在一个 Windows 系统上指定路径的驱动盘符，则必须使用 Windows 语法。为使用 Windows 语法，必须对整个 PYTHONPATH 行做如下的改变：

UNIX	Windows
:	;
/	\
$NAME	% NAME%

下面的例子显示了一个指向驱动器盘符的 abqus. aev 文件，并且进行了修改，用来在一个 Window 系统上运行：

ABA_PATH ＄ABA_HOME：＄ABA_HOME/cae

PYTHONPATH

％ABA_HOME％＼cae＼Python＼Lib；％ABA_HOME％＼cae＼Python＼Obj；

％ABA_HOME％＼cae＼exec＼lbr；d：＼boltApp1；.；％PYTHONPATH％

ABA_LIBRARY_PATH

＄ABA_HOME/cae/ABA_SELECT：

＄ABA_HOME/cae/exec/lbr：＄ABA_ HOME/cae/Python/Obj/lbr：

＄ABA_HOME/cae/External/Acis：＄ABA_HOME/cae/External：

＄ABA_HOME/cae/External/ebt：＄ABA_HOME/exec

使用下面的语法来启动用户的应用：

abaqus applicationName

12 应用对象

该部分介绍了 Abaqus 应用对象。应用对象管理消息队列、时钟、杂项、GUI 更新和其他系统工具。该部分包括的内容如下：

- "应用对象概览"（12.1 节）
- "常用方法"（12.2 节）

12.1　应用对象概览

应用对象管理消息队列、时钟、杂项、GUI 更新和其他系统工具。每一个应用将具有一个应用对象，它通常是用户在应用的启动文件中创建的。更多的信息见 11.2 节。应用对象的构造器取下面的参数：

AFXApp(appName , vendorName , productName , majorNumber , minorNumber ,

updateNumber , prerelease)

应用和供应商名称是注册中的关键字。注册表用于存储设置，在应用的版本之间是一贯的。Abaqus 当前没有使用注册表，但是为了将来的功能扩展，将这些关键字作为占位符来使用。注册表将具有不同的部分，允许用户设定群组。来自一个特定供应商那里的某些设定可以应用于所有产品，某些设定可能仅适用于特定的产品。

默认情况下，Abaqus 在主窗口的标题栏显示了产品名称和版本号。更多的信息见 13.2 节。

12.2　常用方法

用户可以使用下面的语句来访问应用对象：

app = getAFXApp( )

一些最常用的应用方法如下：

getAFXMainWindow( )

返回一个句柄到主窗口对象。

getProductName( )

返回产品名称。

getVersionNumbers( )

返回(majorNumber, minorNumber, updateNumber) 的元组。

getPrerelease( )

如果该应用是预发布的，则返回 True。

beep( )

响系统铃声。

13 主窗口

该部分介绍了 Abaqus 主窗口的布局、部件和行为。该部分包括的内容如下：

- "主窗口的概览"（13.1 节）
- "标题栏"（13.2 节）
- "菜单栏"（13.3 节）
- "工具栏"（13.4 节）
- "背景栏"（13.5 节）
- "模块工具包"（13.6 节）
- "绘画区域和画布"（13.7 节）
- "提示区域"（13.8 节）
- "消息区域"（13.9 节）
- "命令行界面"（13.10 节）

13.1　主窗口的概览

交互式 Abaqus 产品由一个单独主窗口组成,单独的主窗口包含几个 GUI 基础构架部件。主窗口自身仅提供 GUI 基础构架支持。用户通过在主窗口中注册模块和工具包来在应用中添加特别的功能。

将主窗口设计成使用 GUI 模块那样的概念进行工作,GUI 模块包括它们自己的菜单栏、工具栏和工具包实体。主窗口在一个时间只显示一个模块的组件。主窗口负责随着用户访问应用的不同模块,使这些组件交替进入和退出。

下面的语句显示了用来创建主窗口的构造器:

AFXMainWindow(app, title, icon = None, miniIcon = None,
    opts = DECOR_ALL, x = 0, y = 0, w = 0, h = 0)

AFXMainWindow 构造器的参数如下:

app

应用对象。

title

将在主窗口的标题栏显示的字符串。

icon

在桌面上应用的一个 32×32 的像素图标。

miniIcon

为标题栏和系统托盘中的应用, 在 Windows 上使用的一个 16×16 的像素图标。

opts

控制不同窗口行为的标识。

x, y, w, h

窗口的 X-位置、Y-位置、窗口的宽度和高度。零的默认值说明系统将自动计算这些数字。当应用退出时, 主窗口的大小和位置存储在 abaqus_v6.13. gpr 中,这样当再次启动应用时, 它将在相同的位置出现并具有相同的大小。推荐用户在主窗口构造器中不设置 x、y、w 或者 h。如果设置了, 则这些设置将覆盖 abaqus_6.13. gpr 中的设置。

下面的语句显示了如何访问主窗口:

mainWindow = getAFXApp( ) . getAFXMainWindow( )

主窗口的布局显示在图 13-1 中。

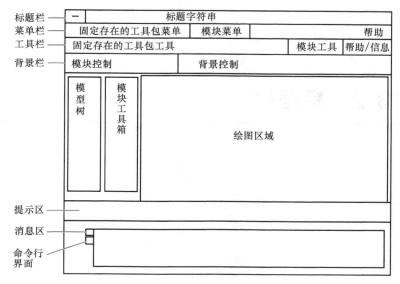

图 13-1　主窗口

13.2　标题栏

默认情况下，标题栏中显示的字符串是从传递到 AFXApp 构造器中的参数构建的，如下面的语句中所显示的那样：

AFXApp(appName, vendorName, productName,

  majorNumber, minorNumber, updateNumber, prerelease)

其中，majorNumber 是版本号，minorNumber 是发布号，updateNumber 是更新号，prerelease 是预发布号。

生成标题使用下面语句中显示的格式：

productName + majorNumber + '. ' + minorNumber +

  ' – ' + updateNumber

例如：

AFXApp(productName = "Abaqus/CAE" ,

  majorNumber = 6 , minorNumber = 12 , updateNumber = 1)

在标题栏生成下面的字符串：Abaqus/CAE 6. 12-1

如果不在应用构造器中指定主要、次要和更新号，则默认它们是当前的 Abaqus/CAE 版本号。类似地，如果指定版本号，但是不指定一个产品号，则默认版本号为当前 Abaqus/CAE 版本号。如果用户在 AFXApp 构造器中设置预发布（prerelease）参数为 True，则更新号用 PRE 置前。例如，Abaqus/CAE 6. 12-PRE1。

此外，如果用户已经打开了一个模型数据库，则标题栏字符串包含当前模型数据库的名称，如 Abaqus/CAE 6. 12-1 MDB：C：\ projects \ cars \ engines \ turbo-1. cae。

如果当前模型数据库的名称（包括路径）超过 50 个字符，则名称将仅显示前面的 25 个字符，中间用"…"隔开的方法来缩写。

如果用户不想要默认的标题进程，则可以通过在 AFXMainWindow 构造器中指定一个标题来覆盖它。如果用户在 AFXMainWindow 构造器中指定一个标题，则 Abaqus GUI 工具包在应用构造器中忽略此参数，并且使用指定的标题。模型数据库名称和当前视口（当最大化时）的名称将在标题栏中继续得到显示，即使用户覆盖默认的标题进程。

可以使用下面的语句来访问窗口标题栏中显示的字符串：

title = getAFXApp( ). getAFXMainWindow( ). getTitle( )

13.3　菜单栏

菜单栏由以下 3 个区域组成：

● 固定存在的工具包菜单。

● 模块菜单。

● 帮助菜单。

当用于最初启动时，就显示了固定存在的工具包菜单和帮助菜单，并且它们在用户的任务过程中保持可见。模块菜单反映了当前模块，并且随着用户访问不同的模块而换进和换出。用户可以使用下面的语句来访问菜单栏：

menubar = getAFXApp( ). getAFXMainWindow( ). getMenubar( )

13.4　工具栏

默认情况下，Abaqus/CAE 在主菜单栏的下面以行的方式显示所有的工具栏，如图 13-2 所示。

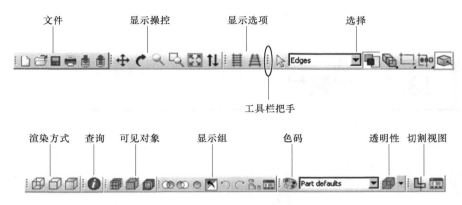

图 13-2　Abaqus/CAE 工具栏

可以使用下面的语句从定义工具栏组的模块或者工具包访问工具栏组：

toolbar = self. getToolbarGroup(toolbarName)

其中 self 是模块或者工具包，并且 toolbarName 是当 Abaqus/CAE 构建它时给予工具包的名称。用户可以通过单击 "Tool"→"Customize" 命令，查看出现的对话框来确定工具包的名称。

13.5 背景栏

　　背景栏包含当前模块和其他背景的控制，如当前零件。用户可以使用下面的语句来访问背景：

contextBar = getAFXApp( ). getAFXMainWindow( ). getContextBar( )

13.6 模块工具包

　　模块工具包包含当前模块中常用工具的图标。当转换进一个模块时，模块的工具包图标替换先前模块的图标。用户可以使用下面的语句来访问模块工具包：

toolbox = getAFXApp( ). getAFXMainWindow( ). getToolbox( )

13.7　绘画区域和画布

画布提供一个无限的空间，用户可以在其中创建并且操作视口。绘画区域是画布的可视部分窗口。用户可以使用下面的语句来访问画布区域：

　　canvas = getAFXApp( ). getAFXMainWindow( ). i_getCanvas( )

　　方法名称中的"i_"说明这是一个内部方法，用户不应当进行正常的使用——预期只有GUI 基础构架需要访问此方法。

13.8　提示区域

提示区域显示了引导用户的说明，以及当前工作（work-in-progress，WIP）信息。更多的信息见 7.5 节。

13.9   消息区域

应用使用消息区域来显示信息和警告消息。用户可以使用下面的方法来发送消息到消息区域：

mainWindow = getAFXApp( ). getAFXMainWindow( )

mainWindow. writeToMessageArea('Warning：Some items failed！')

13.10　命令行界面

命令行界面（CLI）提供一个内核侧的 Python 命令接口界面。CLI 不提供任何对 GUI 侧的 Python 接口的访问。用户在 CLI 输入 Abaqus 脚本界面命令，然后发送这些命令到内核进行处理。此外，用户可以在 CLI 中输入标准的 Python 命令。例如，用户可以使用 CLI 作为一个简单的计算器，如图 13-3 所示。

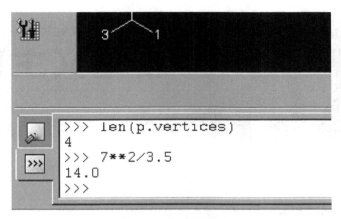

图 13-3　命令行界面

Abaqus GUI 工具包不希望用户使用 CLI 来发出 Abaqus 脚本界面命令。通常所有的从 GUI 进程发出的命令是由 GUI 通过模式发出的。如果用户的应用不使用 CLI，则可以隐藏 CLI，如下面的语句所显示的那样：

mainWindow = getAFXApp( ). getAFXMainWindow( )

mainWindow. hideCli( )

14　自定义主窗口

主窗口基础类提供 GUI 基本构架来允许用户交互、操控模块，以及在视口显示对象。主窗口基础类并不提供任何应用功能，如建立零件。该部分介绍了如何通过从主窗口基础类派生来给应用赋予功能，以及注册模块和工具包。该部分包括的内容如下：

- "模块和工具包"（14.1 节）
- "Abaqus/CAE 主窗口"（14.2 节）

14.1 模块和工具包

模块是互动的 Abaqus 应用的基础概念之一。模块将功能整合成逻辑单元。例如，一个创建零件的单元，或者一个网格划分装配件的单元。互动的 Abaqus 应用在一个时间仅为用户呈现一个模块。仅呈现一个模块使得界面不那么复杂，因为界面显示了较少的 GUI 控制，并且允许用户在一个时间专注于一个主要任务。Abaqus 设计成当用户要求时，通过换出先前的 GUI 模块，换入一个模块的 GUI 的方法来操控模块。

　　工具包在将功能整合成逻辑单元方面与模块是相似的。然而，工具包通常比模块包含更少的功能，因为工具包专注于一个特定的任务，如分割。工具包可以在多个模块中使用。

14.2 Abaqus/CAE 主窗口

- "主窗口例子"（14.2.1 节）
- "导入模块"（14.2.2 节）
- "构建基础类"（14.2.3 节）
- "注册持久的工具包"（14.2.4 节）
- "注册模块"（14.2.5 节）

该部分介绍了如何通过从 AFXMainWindow 类派生一个新类来创建一个应用，并且注册用户的应用要使用的模块和工具包。

14.2.1 主窗口例子

为一个特定的应用创建一个主窗口，通过从 AFXMainWindow 类派生一个新类来开始。在主窗口的构造器中，对用户的应用要使用的模块和工具包进行注册。

下面的脚本构建了 Abaqus/CAE 主窗口。

```
from abaqusGui import *
class CaeMainWindow( AFXMainWindow ) :
    def __init__( self, app, windowTitle = '' ) :
        # Construct the GUI infrastructure.
        #
        AFXMainWindow. __init__( self, app, windowTitle )
        # Register the "persistent" toolsets.
        #
        self. registerToolset( FileToolsetGui( ),
            GUI_IN_MENUBAR | GUI_IN_TOOLBAR )
        self. registerToolset( ModelToolsetGui( ),
            GUI_IN_MENUBAR )
        self. registerToolset( CanvasToolsetGui( ),
            GUI_IN_MENUBAR )
        self. registerToolset( ViewManipToolsetGui( ),
            GUI_IN_MENUBAR | GUI_IN_TOOLBAR )
        self. registerToolset( TreeToolsetGui( ),
            GUI_IN_MENUBAR )
        self. registerToolset( AnnotationToolsetGui( ),
            GUI_IN_MENUBAR | GUI_IN_TOOLBAR )
        self. registerToolset( CustomizeToolsetGui( ),
            GUI_IN_TOOL_PANE )
        self. registerToolset( SelectionToolsetGui( ),
            GUI_IN_TOOLBAR )
        registerPluginToolset( )
        self. registerHelpToolset( HelpToolsetGui( ),
            GUI_IN_MENUBAR | GUI_IN_TOOLBAR )
        # Registermodules.
        #
```

```
self. registerModule('Part','Part')
self. registerModule('Property','Property')
self. registerModule('Assembly','Assembly')
self. registerModule('Step','Step')
self. registerModule('Interaction','Interaction')
self. registerModule('Load','Load')
self. registerModule('Mesh','Mesh')
self. registerModule('Job','Job')
self. registerModule('Visualization','Visualization')
self. registerModule('Sketch','Sketch')
```

14.2.2　导入模块

除了模块外，abaqusGui 模块还提供对整个 Abaqus GUI 工具包的访问，如 FileToolset-Gui，它必须注册到主窗口。

14.2.3　构建基础类

CaeMainWindow 构造器中的第一个语句通过调用基础类构造器来初始化类。通常，用户应当总是调用用户所要派生类的基础类构造器，除非用户知道将覆盖类的功能。

14.2.4　注册持久的工具包

注册到主窗口的工具包不同于注册到模块，应用在最初启动时，在 GUI 中是可以访问的。此外，注册到主窗口的工具包随着用户的模块转换，在整个任务中保持可访问。

要注册工具包，用户需要调用 registerToolset 方法，并且传递进一个工具包的接口。用户可以使用 registerHelpToolset 方法将一个帮助工具包注册到应用。以该方式注册的工具包总是出现在菜单栏中所有其他菜单的右边。更多的信息见 8.2.6 节。

注意：每一个应用必须注册 viewManipToolsetGui。

14.2.5　注册模块

注册模块将模块名放置到背景栏中的 Module 混合箱。模块注册的次序是模块将要在背景栏中的 Module 混合箱中出现的次序。

要注册一个模块，用户需要调用 registerModule 方法。registerModule 方法取下面的参数：

displayedName

在背景栏中的 Module 混合箱中将显示的应用字符段。

moduleImportName

指定要导入模块名称的字符串，确保该名称与 GUI 模块文件名（没有 .py 扩展名）一样。更多的信息见 8.2.8 节。

kernelInitializationCommand

当模块载入时，指定将 Python 命令名称发送到内核的字符段。

附录

附录 A　图标

Abaqus GUI 工具包支持以下创建图标的格式：

- XPM。
- BMP。
- GIF。
- PNG。

可以使用绝大部分的图像编辑程序来产生一个所支持格式的图标。在创建了图像文件后，通过调用合适的方法来构建图标，如下面例子中所示：

icon = afxCreatePNGIcon('myIcon. png')

FXLabel(self,'A label with an icon',icon)

在某些情况中，可能需要在一个窗口部分中使用图标之前调用图标的 create 方法。在先前的例子中，调用图标的 create 方法是不必要的，因为在创建标签时，标签的窗口部件创建了图标。如果在调用窗口部件的 create 方法后创建了一个图标，则必须在窗口部件中使用图标前调用图标的 create 方法。更多的信息见 3.8 节。

XPM 图标的格式是简单的，用户可以使用任何像素图编辑器或者一个文本编辑器来创建图标数据。更多的 XPM 格式的详细情况可以访问 XPM 网站。下面的图像编辑程序支持 XPM 格式：

- ImageMagick （www. imagemagick. org）
- GIMP （www. gimp. org）

也可以在 XPM 网址的 FAQ 网页上找到像素图编辑器的参考信息。

作为对使用 afxCreateXPMIcon 方法的补充，可以将 XPM 图像数据定义成 Python 字符列表，并且使用 FXXPMIcon 方法来创建一个图标。

注意：对于一个有效的颜色名列表以及它们的对应 RGB 值见附录 B。要定义一个透明的色彩，必须将它定义成"c None s None"，而不仅是"c None"。

blueIconData = [

"12 12 2 1",

". c None s None",

" c blue",

" ",

" ",

" ",

" ",

" .... ",

" .... ",

" .... ",

" .... ",

" ",

" ",

" ",

" "

]

blueIcon = FXXPMIcon(getAFXApp( ) , blueIconData)

图 A-1 显示了此例子创建的蓝色正方形图标。

图 A-1　蓝色正方形图标

附件 B　颜色和 RGB 值

当指定一个颜色时，某些方法要求一个字符串，而其他方法要求一个 FXColor。要创建一个 FXColor，需要使用 FXRGB 函数并且传入合适的红、绿和蓝值。表 B-1 显示了一个有效的颜色字符串列表和对应的 RGB 值。

表 B-1　一个有效的颜色字符串列表和对应的 RGB 值

字符串	RGB 值
AliceBlue	FXRGB (240, 248, 255)
AntiqueWhite	FXRGB (250, 235, 215)
AntiqueWhite1	FXRGB (255, 239, 219)
AntiqueWhite2	FXRGB (238, 223, 204)
AntiqueWhite3	FXRGB (205, 192, 176)
AntiqueWhite4	FXRGB (139, 131, 120)
Aquamarine	FXRGB (127, 255, 212)
Aquamarine1 q	FXRGB (127, 255, 212)
Aquamarine2	FXRGB (118, 238, 198)
Aquamarine3	FXRGB (102, 205, 170)
Aquamarine4	FXRGB (69, 139, 116)
Azure	FXRGB (240, 255, 255)
Azure1	FXRGB (240, 255, 255)
Azure2	FXRGB (224, 238, 238)
Azure3	FXRGB (193, 205, 205)
Azure4	FXRGB (131, 139, 139)
Beige	FXRGB (245, 245, 220)
Bisque	FXRGB (255, 228, 196)
Bisque1	FXRGB (255, 228, 196)
Bisque2	FXRGB (238, 213, 183)
Bisque3	FXRGB (205, 183, 158)
Bisque4	FXRGB (139, 125, 107)
Black	FXRGB (0, 0, 0)
BlanchedAlmond	FXRGB (255, 235, 205)
Blue	FXRGB (0, 0, 255)
Blue1	FXRGB (0, 0, 255)
Blue2	FXRGB (0, 0, 238)
Blue3	FXRGB (0, 0, 205)
Blue4	FXRGB (0, 0, 139)
BlueViolet	FXRGB (138, 43, 226)
Brown	FXRGB (165, 42, 42)

（续）

字符串	RGB 值
Brown1	FXRGB (255, 64, 64)
Brown2	FXRGB (238, 59, 59)
Brown3	FXRGB (205, 51, 51)
Brown4	FXRGB (139, 35, 35)
Burlywood	FXRGB (222, 184, 135)
Burlywood1	FXRGB (255, 211, 155)
Burlywood2	FXRGB (238, 197, 145)
Burlywood3	FXRGB (205, 170, 125)
Burlywood4	FXRGB (139, 115, 85)
CadetBlue	FXRGB (95, 158, 160)
CadetBlue1	FXRGB (152, 245, 255)
CadetBlue2	FXRGB (142, 229, 238)
CadetBlue3	FXRGB (122, 197, 205)
CadetBlue4	FXRGB (83, 134, 139)
Chartreuse	FXRGB (127, 255, 0)
Chartreuse1	FXRGB (127, 255, 0)
Chartreuse2	FXRGB (118, 238, 0)
Chartreuse3	FXRGB (102, 205, 0)
Chartreuse4	FXRGB (69, 139, 0)
Chocolate	FXRGB (210, 105, 30)
Chocolate1	FXRGB (255, 127, 36)
Chocolate2	FXRGB (238, 118, 33)
Chocolate3	FXRGB (205, 102, 29)
Chocolate4	FXRGB (139, 69, 19)
Coral	FXRGB (255, 127, 80)
Coral1	FXRGB (255, 114, 86)
Coral2	FXRGB (238, 106, 80)
Coral3	FXRGB (205, 91, 69)
Coral4	FXRGB (139, 62, 47)
ComflowerBlue	FXRGB (100, 149, 237)
Comsilk	FXRGB (255, 248, 220)
Comsilk1	FXRGB (255, 248, 220)
Comsilk2	FXRGB (238, 232, 205)
Comsilk3	FXRGB (205, 200, 177)
Comsilk4	FXRGB (139, 136, 120)
Cyan	FXRGB (0, 255, 255)

（续）

字符串	RGB 值
Cyan1	FXRGB (0, 255, 255)
Cyan2	FXRGB (0, 238, 238)
Cyan3	FXRGB (0, 205, 205)
Cyan4	FXRGB (0, 139, 139)
DarkBlue	FXRGB (0, 0, 139)
DarkCyan	FXRGB (0, 139, 139)
DarkGoldenrod	FXRGB (184, 134, 11)
DarkGoldenrod1	FXRGB (255, 185, 15)
DarkGoldenrod2	FXRGB (238, 173, 14)
DarkGoldenrod3	FXRGB (205, 149, 12)
DarkGoldenrod4	FXRGB (139, 101, 8)
DarkGray	FXRGB (169, 169, 169)
DarkGreen	FXRGB (0, 100, 0)
DarkGrey	FXRGB (169, 169, 169)
DarkKhaki	FXRGB (189, 183, 107)
DarkMagenta	FXRGB (139, 0, 139)
DarkOliveGreen	FXRGB (85, 107, 47)
DarkOliveGreen1	FXRGB (202, 255, 112)
DarkOliveGreen2	FXRGB (188, 238, 104)
DarkOliveGreen3	FXRGB (162, 205, 90)
DarkOliveGreen4	FXRGB (110, 139, 61)
DarkOrange	FXRGB (255, 140, 0)
DarkOrange1	FXRGB (255, 127, 0)
DarkOrange2	FXRGB (238, 118, 0)
DarkOrange3	FXRGB (205, 102, 0)
DarkOrange4	FXRGB (139, 69, 0)
DarkOrchid	FXRGB (153, 50, 204)
DarkOrchid1	FXRGB (191, 62, 255)
DarkOrchid2	FXRGB (178, 58, 238)
DarkOrchid3	FXRGB (154, 50, 205)
DarkOrchid4	FXRGB (104, 34, 139)
DarkRed	FXRGB (139, 0, 0)
DarkSalmon	FXRGB (233, 150, 122)
DarkSeaGreen	FXRGB (143, 188, 143)
DarkSeaGreen1	FXRGB (193, 255, 193)
DarkSeaGreen2	FXRGB (180, 238, 180)

（续）

字符串	RGB 值
DarkSeaGreen3	FXRGB (155, 205, 155)
DarkSeaGreen4	FXRGB (105, 139, 105)
DarkSlateBlue	FXRGB (72, 61, 139)
DarkSlateGray	FXRGB (47, 79, 79)
DarkSlateGray1	FXRGB (151, 255, 255)
DarkSlateGray2	FXRGB (141, 238, 238)
DarkSlateGray3	FXRGB (121, 205, 205)
DarkSlateGray4	FXRGB (82, 139, 139)
DarkSlateGrey	FXRGB (47, 79, 79)
DarkTurquoise	FXRGB (0, 206, 209)
DarkViolet	FXRGB (148, 0, 211)
DeepPink	FXRGB (255, 20, 147)
DeepPink1	FXRGB (255, 20, 147)
DeepPink2	FXRGB (238, 18, 137)
DeepPink3	FXRGB (205, 16, 118)
DeepPink4	FXRGB (139, 10, 80)
DeepSkyBlue	FXRGB (0, 191, 255)
DeepSkyBlue1	FXRGB (0, 191, 255)
DeepSkyBlue2	FXRGB (0, 178, 238)
DeepSkyBlue3	FXRGB (0, 154, 205)
DeepSkyBlue4	FXRGB (0, 104, 139)
DimGray	FXRGB (105, 105, 105)
DimGrey	FXRGB (105, 105, 105)
DodgerBlue	FXRGB (30, 144, 255)
DodgerBlue1	FXRGB (30, 144, 255)
DodgerBlue2	FXRGB (28, 134, 238)
DodgerBlue3	FXRGB (24, 116, 205)
DodgerBlue4	FXRGB (16, 78, 139)
Firebrick	FXRGB (178, 34, 34)
Firebrick1	FXRGB (255, 48, 48)
Firebrick2	FXRGB (238, 44, 44)
Firebrick3	FXRGB (205, 38, 38)
Firebrick4	FXRGB (139, 26, 26)
FloralWhite	FXRGB (255, 250, 240)
ForestGreen	FXRGB (34, 139, 34)
Gainsboro	FXRGB (220, 220, 220)

（续）

字符串	RGB 值
GhostWhite	FXRGB （248，248，255）
Gold	FXRGB （255，215，0）
Gold1	FXRGB （255，215，0）
Gold2	FXRGB （238，201，0）
Gold3	FXRGB （205，173，0）
Gold4	FXRGB （139，117，0）
Goldenrod	FXRGB （218，165，32）
Goldenrod1	FXRGB （255，193，37）
Goldenrod2	FXRGB （238，180，34）
Goldenrod3	FXRGB （205，155，29）
Goldenrod4	FXRGB （139，105，20）
Gray	FXRGB （190，190，190）
Gray0	FXRGB （0，0，0）
Gray1	FXRGB （3，3，3）
Gray10	FXRGB （26，26，26）
Gray100	FXRGB （255，255，255）
Gray11	FXRGB （28，28，28）
Gray12	FXRGB （31，31，31）
Gray13	FXRGB （33，33，33）
Gray14	FXRGB （36，36，36）
Gray15	FXRGB （38，38，38）
Gray16	FXRGB （41，41，41）
Gray17	FXRGB （43，43，43）
Gray18	FXRGB （46，46，46）
Gray19	FXRGB （48，48，48）
Gray2	FXRGB （5，5，5）
Gray20	FXRGB （51，51，51）
Gray21	FXRGB （54，54，54）
Gray22	FXRGB （56，56，56）
Gray23	FXRGB （59，59，59）
Gray24	FXRGB （61，61，61）
Gray25	FXRGB （64，64，64）
Gray26	FXRGB （66，66，66）
Gray27	FXRGB （69，69，69）
Gray28	FXRGB （71，71，71）
Gray29	FXRGB （74，74，74）

（续）

字符串	RGB 值
Gray3	FXRGB（8，8，8）
Gray30	FXRGB（77，77，77）
Gray31	FXRGB（79，79，79）
Gray32	FXRGB（82，82，82）
Gray33	FXRGB（84，84，84）
Gray34	FXRGB（87，87，87）
Gray35	FXRGB（89，89，89）
Gray36	FXRGB（92，92，92）
Gray37	FXRGB（94，94，94）
Gray38	FXRGB（97，97，97）
Gray39	FXRGB（99，99，99）
Gray4	FXRGB（10，10，10）
Gray40	FXRGB（102，102，102）
Gray41	FXRGB（105，105，105）
Gray42	FXRGB（107，107，107）
Gray43	FXRGB（110，110，110）
Gray44	FXRGB（112，112，112）
Gray45	FXRGB（115，115，115）
Gray46	FXRGB（117，117，117）
Gray47	FXRGB（120，120，120）
Gray48	FXRGB（122，122，122）
Gray49	FXRGB（125，125，125）
Gray5	FXRGB（13，13，13）
Gray50	FXRGB（127，127，127）
Gray51	FXRGB（130，130，130）
Gray52	FXRGB（133，133，133）
Gray53	FXRGB（135，135，135）
Gray54	FXRGB（138，138，138）
Gray55	FXRGB（140，140，140）
Gray56	FXRGB（143，143，143）
Gray57	FXRGB（145，145，145）
Gray58	FXRGB（148，148，148）
Gray59	FXRGB（150，150，150）
Gray6	FXRGB（15，15，15）
Gray60	FXRGB（153，153，153）
Gray61	FXRGB（156，156，156）

（续）

字符串	RGB 值
Gray62	FXRGB（158，158，158）
Gray63	FXRGB（161，161，161）
Gray64	FXRGB（163，163，163）
Gray65	FXRGB（166，166，166）
Gray66	FXRGB（168，168，168）
Gray67	FXRGB（171，171，171）
Gray68	FXRGB（173，173，173）
Gray69	FXRGB（176，176，176）
Gray7	FXRGB（18，18，18）
Gray70	FXRGB（179，179，179）
Gray71	FXRGB（181，181，181）
Gray72	FXRGB（184，184，184）
Gray73	FXRGB（186，186，186）
Gray74	FXRGB（189，189，189）
Gray75	FXRGB（191，191，191）
Gray76	FXRGB（194，194，194）
Gray77	FXRGB（196，196，196）
Gray78	FXRGB（199，199，199）
Gray79	FXRGB（201，201，201）
Gray8	FXRGB（20，20，20）
Gray80	FXRGB（204，204，204）
Gray81	FXRGB（207，207，207）
Gray82	FXRGB（209，209，209）
Gray83	FXRGB（212，212，212）
Gray84	FXRGB（214，214，214）
Gray85	FXRGB（217，217，217）
Gray86	FXRGB（219，219，219）
Gray87	FXRGB（222，222，222）
Gray88	FXRGB（224，224，224）
Gray89	FXRGB（227，227，227）
Gray9	FXRGB（23，23，23）
Gray90	FXRGB（229，229，229）
Gray91	FXRGB（232，232，232）
Gray92	FXRGB（235，235，235）
Gray93	FXRGB（237，237，237）
Gray94	FXRGB（240，240，240）

（续）

字符串	RGB 值
Gray95	FXRGB （242, 242, 242）
Gray96	FXRGB （245, 245, 245）
Gray97	FXRGB （247, 247, 247）
Gray98	FXRGB （250, 250, 250）
Gray99	FXRGB （252, 252, 252）
Green	FXRGB （0, 255, 0）
Green1	FXRGB （0, 255, 0）
Green2	FXRGB （0, 238, 0）
Green3	FXRGB （0, 205, 0）
Green4	FXRGB （0, 139, 0）
GreenYellow	FXRGB （173, 255, 47）
Grey	FXRGB （190, 190, 190）
Grey0	FXRGB （0, 0, 0）
Grey1	FXRGB （3, 3, 3）
Grey10	FXRGB （26, 26, 26）
Grey100	FXRGB （255, 255, 255）
Grey11	FXRGB （28, 28, 28）
Grey12	FXRGB （31, 31, 31）
Grey13	FXRGB （33, 33, 33）
Grey14	FXRGB （36, 36, 36）
Grey15	FXRGB （38, 38, 38）
Grey16	FXRGB （41, 41, 41）
Grey17	FXRGB （43, 43, 43）
Grey18	FXRGB （46, 46, 46）
Grey19	FXRGB （48, 48, 48）
Grey2	FXRGB （5, 5, 5）
Grey20	FXRGB （51, 51, 51）
Grey21	FXRGB （54, 54, 54）
Grey22	FXRGB （56, 56, 56）
Grey23	FXRGB （59, 59, 59）
Grey24	FXRGB （61, 61, 61）
Grey25	FXRGB （64, 64, 64）
Grey26	FXRGB （66, 66, 66）
Grey27	FXRGB （69, 69, 69）
Grey28	FXRGB （71, 71, 71）
Grey29	FXRGB （74, 74, 74）

（续）

字符串	RGB 值
Grey3	FXRGB（8, 8, 8）
Grey30	FXRGB（77, 77, 77）
Grey31	FXRGB（79, 79, 79）
Grey32	FXRGB（82, 82, 82）
Grey33	FXRGB（84, 84, 84）
Grey34	FXRGB（87, 87, 87）
Grey35	FXRGB（89, 89, 89）
Grey36	FXRGB（92, 92, 92）
Grey37	FXRGB（94, 94, 94）
Grey38	FXRGB（97, 97, 97）
Grey39	FXRGB（99, 99, 99）
Grey4	FXRGB（10, 10, 10）
Grey40	FXRGB（102, 102, 102）
Grey41	FXRGB（105, 105, 105）
Grey42	FXRGB（107, 107, 107）
Grey43	FXRGB（110, 110, 110）
Grey44	FXRGB（112, 112, 112）
Grey45	FXRGB（115, 115, 115）
Grey46	FXRGB（117, 117, 117）
Grey47	FXRGB（120, 120, 120）
Grey48	FXRGB（122, 122, 122）
Grey49	FXRGB（125, 125, 125）
Grey5	FXRGB（13, 13, 13）
Grey50	FXRGB（127, 127, 127）
Grey51	FXRGB（130, 130, 130）
Grey52	FXRGB（133, 133, 133）
Grey53	FXRGB（135, 135, 135）
Grey54	FXRGB（138, 138, 138）
Grey55	FXRGB（140, 140, 140）
Grey56	FXRGB（143, 143, 143）
Grey57	FXRGB（145, 145, 145）
Grey58	FXRGB（148, 148, 148）
Grey59	FXRGB（150, 150, 150）
Grey6	FXRGB（15, 15, 15）
Grey60	FXRGB（153, 153, 153）
Grey61	FXRGB（156, 156, 156）

（续）

字符串	RGB 值
Grey62	FXRGB (158, 158, 158)
Grey63	FXRGB (161, 161, 161)
Grey64	FXRGB (163, 163, 163)
Grey65	FXRGB (166, 166, 166)
Grey66	FXRGB (168, 168, 168)
Grey67	FXRGB (171, 171, 171)
Grey68	FXRGB (173, 173, 173)
Grey69	FXRGB (176, 176, 176)
Grey7	FXRGB (18, 18, 18)
Grey70	FXRGB (179, 179, 179)
Grey71	FXRGB (181, 181, 181)
Grey72	FXRGB (184, 184, 184)
Grey73	FXRGB (186, 186, 186)
Grey74	FXRGB (189, 189, 189)
Grey75	FXRGB (191, 191, 191)
Grey76	FXRGB (194, 194, 194)
Grey77	FXRGB (196, 196, 196)
Grey78	FXRGB (199, 199, 199)
Grey79	FXRGB (201, 201, 201)
Grey8	FXRGB (20, 20, 20)
Grey80	FXRGB (204, 204, 204)
Grey81	FXRGB (207, 207, 207)
Grey82	FXRGB (209, 209, 209)
Grey83	FXRGB (212, 212, 212)
Grey84	FXRGB (214, 214, 214)
Grey85	FXRGB (217, 217, 217)
Grey86	FXRGB (219, 219, 219)
Grey87	FXRGB (222, 222, 222)
Grey88	FXRGB (224, 224, 224)
Grey89	FXRGB (227, 227, 227)
Grey9	FXRGB (23, 23, 23)
Grey90	FXRGB (229, 229, 229)
Grey91	FXRGB (232, 232, 232)
Grey92	FXRGB (235, 235, 235)
Grey93	FXRGB (237, 237, 237)
Grey94	FXRGB (240, 240, 240)

（续）

字符串	RGB 值
Grey95	FXRGB（242，242，242）
Grey96	FXRGB（245，245，245）
Grey97	FXRGB（247，247，247）
Grey98	FXRGB（250，250，250）
Grey99	FXRGB（252，252，252）
Honeydew	FXRGB（240，255，240）
Honeydew1	FXRGB（240，255，240）
Honeydew2	FXRGB（224，238，224）
Honeydew3	FXRGB（193，205，193）
Honeydew4	FXRGB（131，139，131）
HotPink	FXRGB（255，105，180）
HotPink1	FXRGB（255，110，180）
HotPink2	FXRGB（238，106，167）
HotPink3	FXRGB（205，96，144）
HotPink4	FXRGB（139，58，98）
IndianRed	FXRGB（205，92，92）
IndianRed1	FXRGB（255，106，106）
IndianRed2	FXRGB（238，99，99）
IndianRed3	FXRGB（205，85，85）
IndianRed4	FXRGB（139，58，58）
Ivory	FXRGB（255，255，240）
Ivory1	FXRGB（255，255，240）
Ivory2	FXRGB（238，238，224）
Ivory3	FXRGB（205，205，193）
Ivory4	FXRGB（139，139，131）
Khaki	FXRGB（240，230，140）
Khaki1	FXRGB（255，246，143）
Khaki2	FXRGB（238，230，133）
Khaki3	FXRGB（205，198，115）
Khaki4	FXRGB（139，134，78）
Lavender	FXRGB（230，230，250）
LavenderBlush	FXRGB（255，240，245）
LavenderBlush1	FXRGB（255，240，245）
LavenderBlush2	FXRGB（238，224，229）
LavenderBlush3	FXRGB（205，193，197）
LavenderBlush4	FXRGB（139，131，134）

（续）

字符串	RGB 值
LawnGreen	FXRGB (124, 252, 0)
LemonChiffon	FXRGB (255, 250, 205)
LemonChiffon1	FXRGB (255, 250, 205)
LemonChiffon2	FXRGB (238, 233, 191)
LemonChiffon3	FXRGB (205, 201, 165)
LemonChiffon4	FXRGB (139, 137, 112)
LightBlue	FXRGB (173, 216, 230)
LightBlue1	FXRGB (191, 239, 255)
LightBlue2	FXRGB (178, 223, 238)
LightBlue3	FXRGB (154, 192, 205)
LightBlue4	FXRGB (104, 131, 139)
LightCoral	FXRGB (240, 128, 128)
LightCyan	FXRGB (224, 255, 255)
LightCyan1	FXRGB (224, 255, 255)
LightCyan2	FXRGB (209, 238, 238)
LightCyan3	FXRGB (180, 205, 205)
LightCyan4	FXRGB (122, 139, 139)
LightGoldenrod	FXRGB (238, 221, 130)
LightGoldenrod1	FXRGB (255, 236, 139)
LightGoldenrod2	FXRGB (238, 220, 130)
LightGoldenrod3	FXRGB (205, 190, 112)
LightGoldenrod4	FXRGB (139, 129, 76)
LightGoldenrodYellow	FXRGB (250, 250, 210)
LightGray	FXRGB (211, 211, 211)
LightGreen	FXRGB (144, 238, 144)
LightGrey	FXRGB (211, 211, 211)
LightPink	FXRGB (255, 182, 193)
LightPink1	FXRGB (255, 174, 185)
LightPink2	FXRGB (238, 162, 173)
LightPink3	FXRGB (205, 140, 149)
LightPink4	FXRGB (139, 95, 101)
LightSalmon	FXRGB (255, 160, 122)
LightSalmon1	FXRGB (255, 160, 122)
LightSalmon2	FXRGB (238, 149, 114)
LightSalmon3	FXRGB (205, 129, 98)
LightSalmon4	FXRGB (139, 87, 66)

（续）

字符串	RGB 值
LightSeaGreen	FXRGB (32, 178, 170)
LightSkyBlue	FXRGB (135, 206, 250)
LightSkyBlue1	FXRGB (176, 226, 255)
LightSkyBlue2	FXRGB (164, 211, 238)
LightSkyBlue3	FXRGB (141, 182, 205)
LightSkyBlue4	FXRGB (96, 123, 139)
LightSlateBlue	FXRGB (132, 112, 255)
LightSlateGray	FXRGB (119, 136, 153)
LightSlateGrey	FXRGB (119, 136, 153)
LightSteelBlue	FXRGB (176, 196, 222)
LightSteelBlue1	FXRGB (202, 225, 255)
LightSteelBlue2	FXRGB (188, 210, 238)
LightSteelBlue3	FXRGB (162, 181, 205)
LightSteelBlue4	FXRGB (110, 123, 139)
LightYellow	FXRGB (255, 255, 224)
LightYellow1	FXRGB (255, 255, 224)
LightYellow2	FXRGB (238, 238, 209)
LightYellow3	FXRGB (205, 205, 180)
LightYellow4	FXRGB (139, 139, 122)
LimeGreen	FXRGB (50, 205, 50)
Linen	FXRGB (250, 240, 230)
Magenta	FXRGB (255, 0, 255)
Magenta1	FXRGB (255, 0, 255)
Magenta2	FXRGB (238, 0, 238)
Magenta3	FXRGB (205, 0, 205)
Magenta4	FXRGB (139, 0, 139)
Maroon	FXRGB (176, 48, 96)
Maroon1	FXRGB (255, 52, 179)
Maroon2	FXRGB (238, 48, 167)
Maroon3	FXRGB (205, 41, 144)
Maroon4	FXRGB (139, 28, 98)
MediumAquamarine	FXRGB (102, 205, 170)
MediumBlue	FXRGB (0, 0, 205)
MediumOrchid	FXRGB (186, 85, 211)
MediumOrchid1	FXRGB (224, 102, 255)
MediumOrchid2	FXRGB (209, 95, 238)

（续）

字符串	RGB 值
MediumOrchid3	FXRGB (180, 82, 205)
MediumOrchid4	FXRGB (122, 55, 139)
MediumPurple	FXRGB (147, 112, 219)
MediumPurple1	FXRGB (171, 130, 255)
MediumPurple2	FXRGB (159, 121, 238)
MediumPurple3	FXRGB (137, 104, 205)
MediumPurple4	FXRGB (93, 71, 139)
MediumSeaGreen	FXRGB (60, 179, 113)
MediumSlateBlue	FXRGB (123, 104, 238)
MediumSpringGreen	FXRGB (0, 250, 154)
MediumTurquoise	FXRGB (72, 209, 204)
MediumVioletRed	FXRGB (199, 21, 133)
MidnightBlue	FXRGB (25, 25, 112)
MintCream	FXRGB (245, 255, 250)
MistyRose	FXRGB (255, 228, 225)
MistyRose1	FXRGB (255, 228, 225)
MistyRose2	FXRGB (238, 213, 210)
MistyRose3	FXRGB (205, 183, 181)
MistyRose4	FXRGB (139, 125, 123)
Moccasin	FXRGB (255, 228, 181)
NavajoWhite	FXRGB (255, 222, 173)
NavajoWhite1	FXRGB (255, 222, 173)
NavajoWhite2	FXRGB (238, 207, 161)
NavajoWhite3	FXRGB (205, 179, 139)
NavajoWhite4	FXRGB (139, 121, 94)
Navy	FXRGB (0, 0, 128)
NavyBlue	FXRGB (0, 0, 128)
None	FXRGB (0, 0, 0, 0)
OldLace	FXRGB (253, 245, 230)
OliveDrab	FXRGB (107, 142, 35)
OliveDrab1	FXRGB (192, 255, 62)
OliveDrab2	FXRGB (179, 238, 58)
OliveDrab3	FXRGB (154, 205, 50)
OliveDrab4	FXRGB (105, 139, 34)
Orange	FXRGB (255, 165, 0)
Orange1	FXRGB (255, 165, 0)

（续）

字符串	RGB 值
Orange2	FXRGB (238, 154, 0)
Orange3	FXRGB (205, 133, 0)
Orange4	FXRGB (139, 90, 0)
OrangeRed	FXRGB (255, 69, 0)
OrangeRed1	FXRGB (255, 69, 0)
OrangeRed2	FXRGB (238, 64, 0)
OrangeRed3	FXRGB (205, 55, 0)
OrangeRed4	FXRGB (139, 37, 0)
Orchid	FXRGB (218, 112, 214)
Orchid1	FXRGB (255, 131, 250)
Orchid2	FXRGB (238, 122, 233)
Orchid3	FXRGB (205, 105, 201)
Orchid4	FXRGB (139, 71, 137)
PaleGoldenrod	FXRGB (238, 232, 170)
PaleGreen	FXRGB (152, 251, 152)
PaleGreen1	FXRGB (154, 255, 154)
PaleGreen2	FXRGB (144, 238, 144)
PaleGreen3	FXRGB (124, 205, 124)
PaleGreen4	FXRGB (84, 139, 84)
PaleTurquoise	FXRGB (175, 238, 238)
PaleTurquoise1	FXRGB (187, 255, 255)
PaleTurquoise2	FXRGB (174, 238, 238)
PaleTurquoise3	FXRGB (150, 205, 205)
PaleTurquoise4	FXRGB (102, 139, 139)
PaleVioletRed	FXRGB (219, 112, 147)
PaleVioletRed1	FXRGB (255, 130, 171)
PaleVioletRed2	FXRGB (238, 121, 159)
PaleVioletRed3	FXRGB (205, 104, 137)
PaleVioletRed4	FXRGB (139, 71, 93)
PapayaWhip	FXRGB (255, 239, 213)
PeachPuff	FXRGB (255, 218, 185)
PeachPuff1	FXRGB (255, 218, 185)
PeachPuff2	FXRGB (238, 203, 173)
PeachPuff3	FXRGB (205, 175, 149)
PeachPuff4	FXRGB (139, 119, 101)
Peru	FXRGB (205, 133, 63)

（续）

字符串	RGB 值
Pink	FXRGB (255, 192, 203)
Pink1	FXRGB (255, 181, 197)
Pink2	FXRGB (238, 169, 184)
Pink3	FXRGB (205, 145, 158)
Pink4	FXRGB (139, 99, 108)
Plum	FXRGB (221, 160, 221)
Plum1	FXRGB (255, 187, 255)
Plum2	FXRGB (238, 174, 238)
Plum3	FXRGB (205, 150, 205)
Plum4	FXRGB (139, 102, 139)
PowderBlue	FXRGB (176, 224, 230)
Purple	FXRGB (160, 32, 240)
Purple1	FXRGB (155, 48, 255)
Purple2	FXRGB (145, 44, 238)
Purple3	FXRGB (125, 38, 205)
Purple4	FXRGB (85, 26, 139)
Red	FXRGB (255, 0, 0)
Red1	FXRGB (255, 0, 0)
Red2	FXRGB (238, 0, 0)
Red3	FXRGB (205, 0, 0)
Red4	FXRGB (139, 0, 0)
RosyBrown	FXRGB (188, 143, 143)
RosyBrown1	FXRGB (255, 193, 193)
RosyBrown2	FXRGB (238, 180, 180)
RosyBrown3	FXRGB (205, 155, 155)
RosyBrown4	FXRGB (139, 105, 105)
RoyalBlue	FXRGB (65, 105, 225)
RoyalBlue1	FXRGB (72, 118, 255)
RoyalBlue2	FXRGB (67, 110, 238)
RoyalBlue3	FXRGB (58, 95, 205)
RoyalBlue4	FXRGB (39, 64, 139)
SaddleBrown	FXRGB (139, 69, 19)
Salmon	FXRGB (250, 128, 114)
Salmon1	FXRGB (255, 140, 105)
Salmon2	FXRGB (238, 130, 98)
Salmon3	FXRGB (205, 112, 84)

（续）

字符串	RGB 值
Salmon4	FXRGB（139, 76, 57）
SandyBrown	FXRGB（244, 164, 96）
SeaGreen	FXRGB（46, 139, 87）
SeaGreen1	FXRGB（84, 255, 159）
SeaGreen2	FXRGB（78, 238, 148）
SeaGreen3	FXRGB（67, 205, 128）
SeaGreen4	FXRGB（46, 139, 87）
Seashell	FXRGB（255, 245, 238）
Seashell1	FXRGB（255, 245, 238）
Seashell2	FXRGB（238, 229, 222）
Seashell3	FXRGB（205, 197, 191）
Seashell4	FXRGB（139, 134, 130）
Sienna	FXRGB（160, 82, 45）
Sienna1	FXRGB（255, 130, 71）
Sienna2	FXRGB（238, 121, 66）
Sienna3	FXRGB（205, 104, 57）
Sienna4	FXRGB（139, 71, 38）
SkyBlue	FXRGB（135, 206, 235）
SkyBlue1	FXRGB（135, 206, 255）
SkyBlue2	FXRGB（126, 192, 238）
SkyBlue3	FXRGB（108, 166, 205）
SkyBlue4	FXRGB（74, 112, 139）
SlateBlue	FXRGB（106, 90, 205）
SlateBlue1	FXRGB（131, 111, 255）
SlateBlue2	FXRGB（122, 103, 238）
SlateBlue3	FXRGB（105, 89, 205）
SlateBlue4	FXRGB（71, 60, 139）
SlateGray	FXRGB（112, 128, 144）
SlateGray1	FXRGB（198, 226, 255）
SlateGray2	FXRGB（185, 211, 238）
SlateGray3	FXRGB（159, 182, 205）
SlateGray4	FXRGB（108, 123, 139）
SlateGrey	FXRGB（112, 128, 144）
Snow	FXRGB（255, 250, 250）
Snow1	FXRGB（255, 250, 250）
Snow2	FXRGB（238, 233, 233）

（续）

字符串	RGB 值
Snow3	FXRGB (205, 201, 201)
Snow4	FXRGB (139, 137, 137)
SpringGreen	FXRGB (0, 255, 127)
SpringGreen1	FXRGB (0, 255, 127)
SpringGreen2	FXRGB (0, 238, 118)
SpringGreen3	FXRGB (0, 205, 102)
SpringGreen4	FXRGB (0, 139, 69)
SteelBlue	FXRGB (70, 130, 180)
SteelBlue1	FXRGB (99, 184, 255)
SteelBlue2	FXRGB (92, 172, 238)
SteelBlue3	FXRGB (79, 148, 205)
SteelBlue4	FXRGB (54, 100, 139)
Tan	FXRGB (210, 180, 140)
Tan1	FXRGB (255, 165, 79)
Tan2	FXRGB (238, 154, 73)
Tan3	FXRGB (205, 133, 63)
Tan4	FXRGB (139, 90, 43)
Thistle	FXRGB (216, 191, 216)
Thistle1	FXRGB (255, 225, 255)
Thistle2	FXRGB (238, 210, 238)
Thistle3	FXRGB (205, 181, 205)
Thistle4	FXRGB (139, 123, 139)
Tomato	FXRGB (255, 99, 71)
Tomato1	FXRGB (255, 99, 71)
Tomato2	FXRGB (238, 92, 66)
Tomato3	FXRGB (205, 79, 57)
Tomato4	FXRGB (139, 54, 38)
Turquoise	FXRGB (64, 224, 208)
Turquoise1	FXRGB (0, 245, 255)
Turquoise2	FXRGB (0, 229, 238)
Turquoise3	FXRGB (0, 197, 205)
Turquoise4	FXRGB (0, 134, 139)
Violet	FXRGB (238, 130, 238)
VioletRed	FXRGB (208, 32, 144)
VioletRed1	FXRGB (255, 62, 150)
VioletRed2	FXRGB (238, 58, 140)

（续）

字符串	RGB 值
VioletRed3	FXRGB （205，50，120）
VioletRed4	FXRGB （139，34，82）
Wheat	FXRGB （245，222，179）
Wheat1	FXRGB （255，231，186）
Wheat2	FXRGB （238，216，174）
Wheat3	FXRGB （205，186，150）
Wheat4	FXRGB （139，126，102）
White	FXRGB （255，255，255）
WhiteSmoke	FXRGB （245，245，245）
Yellow	FXRGB （255，255，0）
Yellow1	FXRGB （255，255，0）
Yellow2	FXRGB （238，238，0）
Yellow3	FXRGB （205，205，0）
Yellow4	FXRGB （139，139，0）
YellowGreen	FXRGB （154，205，50）

附录 C　布局提示

Abaqus GUI 工具包中的布局管理器支持的布局提示见表 C-1。

表 C-1　Abaqus GUI 工具包中的布局管理器支持的布局提示

布　局　提　示	用　　　于	效　　　果
LAYOUT_SIDE_TOP（默认的） LAYOUT_SIDE_BOTTOM LAYOUT_SIDE_LEFT LAYOUT_SIDE_RIGHT	FXPacker FXGroupBox FXTopLevel	如果指定了这 4 个布局提示中的一个，则子窗口部件将分别粘贴到布局管理器腔体的顶部、底部、左部或右部。腔体的大小取决于包装窗口部件的数量。LAYOUT_SIDE_TOP 和 LAYOUT_SIDE_BOTTOM 将降低腔的高度。LAYOUT_SIDE_LEFT 和 LAYOUT_SIDE_RIGHT 将降低腔的宽度。对于其他复合窗口部件，这些提示可能没有效果
LAYOUT_LEFT（默认的） LAYOUT_RIGHT	All	将窗口部件置于容器中剩余空间的左边或者右边。当使用 FXPacker、FXGroupBox 或者 FXTopLevel 时，将忽视提示，除非指定了 LAYOUT_SIDE_TOP 或者 LAYOUT_SIDE_BOTTOM 中的任何一个
LAYOUT_TOP（默认的） LAYOUT_BOTTOM	All	将窗口部件置于容器剩余空间的上边或者下边。如果指定了 LAYOUT_SIDE_RIGHT 或者 LAYOUT_SIDE_LEFT 之一，对于 FXPacker 的子等，这些选项才具有效果
LAYOUT_CENTER_X LAYOUT_CENTER_Y	All	窗口部件将在父中的 X 方向（或者 Y 方向）置中。将围绕窗口添加额外的空间来将它置于可用空间的中间。窗口部件的大小将是它的默认大小，除非已经指定了 LAYOUT_FIX_WIDTH 或者 LAYOUT_FIX_HEIGHT
LAYOUT_FILL_X LAYOUT_FILL_Y	All	可以指定一个都没有、一个，或者同时两个提示。LAYOUT_FILL_X 将导致父布局管理器拉伸或收缩窗口部件来适应可用的空间。如果多个具有此功能的子一个接一个放置，则可用的空间将依据它们的默认大小按比例地进行分割。LAYOUT_FILL_Y 在竖直方向上具有相同的效果
LAYOUT_FIX_X LAYOUT_FIX_Y	All	可以指定一个都没有、一个，或者同时两个提示。The LAYOUT_FIX_X 提示将导致父布局管理器在指定的 X - 位置放置此窗口部件，位置为传入窗口部件构造器参数中的可选参数。同样地，LAYOUT_FIX_Y 提示将导致在指定 Y 位置的放置。X 和 Y 位置在父的坐标系中指定
LAYOUT_FILL_ROW LAYOUT_FILL_COLUMN	FXMatrix	在一个特定的矩阵分布管理器的列中为所有的子窗口部件指定 LAYOUT_FILL_COLUMN，如果矩阵自身水平拉伸了，则整个列也可以拉伸。类似地，在一个特定的行为所有的子窗口部件指定了 LAYOUT_FILL_ROW，如果矩阵部件管理器竖直拉伸了，则整个行也被拉伸
LAYOUT_FIX_WIDTH LAYOUT_FIX_HEIGHT	All	这些选项将窗口部件的宽（或者高）固定成在构造器上指定的值。可以使用它的 setWidth（）和 setHeight（）方法来改变窗口部件的大小，部件管理器通常将观察窗口部件的指定尺寸，并不试图更改它（除非其他选项覆盖）
LAYOUT_MIN_WIDTH（默认的） LAYOUT_MIN_HEIGHT（默认的）	All	可以指定一个都没有、一个，或者同时两个提示。几乎不指定这些选项，除非为了代码的可读性。如果没有指定 LAYOUT_FIX_WIDTH 或 LAYOUT_FIX_HEIGHT，则这些选项将导致父布局窗口部件使用各自默认（或最小的）的宽度和高度